KB275153

수학의
스캔들

테오니 파파스 지음
고석구 이만근 옮김

경문사

수학의 스캔들

지은이   테오니 파파스
옮긴이   고석구·이만근
펴낸이   조경희
펴낸곳   경문사
등 록   1979년 11월 9일 제313–1979–23호
주 소   04057, 서울특별시 마포구 와우산로 174
전 화   (02) 332–2004   팩스 (02) 336–5193
홈페이지 www.kyungmoon.com
facebook facebook.com/kyungmoonsa

초 판   1쇄   1999년 9월 30일
개정판   8쇄   2018년 5월 1일

ISBN 89–7282–835–1

• 책값은 뒤표지에 있습니다.

글을 읽을 때마다 느낌이 다르다. 그 당시에는 적절한 말인 것 같아 썼는데 그 사이에 다른 책들을 접하고 내 생각도 변하다 보니 문장을 바꿀 필요를 느낀다. 또한 처음 출간 당시와는 다른 상황이 전개되는 부분도 생기게 되며 책의 모양도 싫증이 나는가 보다.

역서이기에 근본적인 것은 변하지 않았지만 부자연스러운 문장이나 잘못된 문장을 수정하였고 발전된 상황을 설명해야 할 것이 빠진 경우는 새로 역자 주를 넣어 이해를 돕고자 하였다.

2005년 7월

단월벌에서

무릇 인간의 삶에는 역사가 있게 마련이다. 어느 분야에서 어떤 일들이 벌어지고 있는지는 순간을 뜯어보아서는 아무도 모른다. 그러나 되돌아보면 그 희비가 우리의 눈앞에 가득히 펼쳐지리라. 때로는 분노의 노도가 밀려오고 가끔은 환희의 벅찬 감격이 함께 한다. 비열한 생존 경쟁의 굴레에 묶일 수밖에 없는 인간이기에 주체할 수 없는 희로애락에 지배당한다. 살아남기 위해 누르고 일어서야 하는 비정함이 우리의 삶 곳곳에 도사리고 있는 것이다.

살아남는 경지를 넘어서기 위해서는 나만의 '끼'가 있어야 한다. 여기 나오는 수학자들의 생에서는 그러한 끼로 일반인들이 말하는 미친 짓을 수없이 볼 수 있다. 그래도 그들은 그것을 고집했고 결국은 인정을 얻어냈다. 옳다고 믿는 이 기막힌 신념에 의해 오늘날의 수학의 토대가 형성되었고 학문과 기술의 발

전을 이끌었다. 때로는 남의 업적을 인정하지 않거나 명예를
인정하지 않기 위해 술수를 부리거나 더러운 짓도 행했다. 그
때는 역자도 울분을 참을 수가 없었다. 그러나 결과는 그것이
난 곳으로 되돌아가는 법. 역사는 모든 것을 원래의 공헌자에
게 되돌려놓고야 마는 것을 확인하고는 자신의 신념과 양심을
지키는 것이 얼마나 중요한 것인가를 다시 한 번 확인했다.

이 책을 읽는 독자들은 수학자들의 삶을 반추해봄과 동시에
인생을 살아가는 지혜도 터득할 수 있으리라 생각한다. 진리
를 지키는 것이 얼마나 중요하며 자신을 지키는 것 또한 얼마
나 멋진 일인지를 수학과 함께 느껴보기 바란다.

1998년 6월
단월벌에서

많은 사람들이 수학을 아주 딱딱한 논리라고 생각한다. 또한 사람들은 수학을 메마르고 이해하기 어려우며 낯설게 생각한다. 그러나 이러한 일반적인 믿음과 달리 수학은 열정적인 학문이다. 수학자들은 표현하기 어려운 창의적인 열정으로 자신을 몰고간다. 이는 마치 음악가가 작곡을 하고, 화가가 그림을 그리는 작업과 같은 것이라 할 수 있다.

수학자, 작곡가, 화가도 일반인과 같이 사랑, 미움, 탐닉, 복수, 질투, 명예와 돈에 대한 욕망 등의 결점을 지니고 있다. 이 책에서 말하는 수학의 스캔들이란, 불순한 내용을 의미하는 것이 아니라 인간적인 관점에서 수학과 수학자들이 가지는 결점을 소개하고자 하는 것이다. 따라서 유명한 공식이나 정리들보다 수학자들의 일화에 비중을 두어 이야기를 전개하고자 한다.

각 스캔들은 한 일화로부터 시작된다. 비록 이러한 역사적인 일화들이 상상에 의한 것이라 하더라도 역사적으로 실재했던 사실들을 근거로 엮어놓은 것이다. 대부분의 경우, 여기에 소개된 스캔들은 수학자들이 목표로 했던 환상적인 인생에서 거의 무의미했던 일의 일부에 지나지 않음을 분명히 하고 싶다. 이 책을 읽으면서 흥미롭거나 감질나는 사항들이 있으면, 이들이 연구하였던 수학적 사실들에 대하여 좀더 심도 있게 찾아보기를 권하고 싶다.

테오니 파파스

차 례

개정판을 내며   5

옮긴이의 말   6

지은이의 말   8

무리수의 발견   13

에이다의 탐욕   21

로피탈의 명예욕   33

누구의 입체란 말인가?   38

괴델의 편집증   45

뉴턴의 사과는 없었다   57

수학사의 봉이 김선달   62

살해당한 최초의 여성 수학자   68

신경쇠약에 걸린 칸토어   75

미친 척했던 수학자   85

앨런 튜링의 동성애 88

고집 세고 독선적인 푸리에 96

가우스의 비밀 연구 101

남성들만의 벽을 허문 여성 수학자 108

고집불통 뉴턴 115

노벨 수학상은 어디 있는가 124

비운의 천재 갈루아 130

나는 잔다, 그러므르 생각한다 141

미적분학을 창조한 사람들의 불화 147

아인슈타인과 마리치의 진실 154

카르다노 대 타르탈리아 165

참고문헌 172

무리수의 발견

"배신자를 물에 처넣어라." 사람들이 큰 소리로 외쳤다.

"나는 배신자가 아니다." 히파수스도 이들에 맞서 소리를 질렀다.

"히파수스, 너는 피타고라스 학파의 맹세를 깨뜨렸다." 무리 중의 지도자가 선언하였다.

"나는 분수로는 나타낼 수 없는 수(무리수)가 존재한다는 놀라운 사실을 증명하였다. 너희는 이것을 비밀로 하라는 것인가? 그렇다면 나의 지식과 진리를 억압하는 것이다." 히파수스는 단호하게 말하였다.

"그것을 수로 인정하지 않는다는 것을 너도 알지 않느냐?"
지도자가 응답하였다.

"$\sqrt{2}$는 수이다. 이것은 측량할 때 사용되는 수가 아닌가? $\sqrt{2}$
는 특별한 길이를 나타낸다. 한 변의 길이가 1인 정사각형의
대각선 길이를 정확히 표현할 수 있는 다른 방법이 있는가?"
히파수스가 주장하였다.

배 위의 피타고라스 학파의 무리는 점점 더 분노하기 시작
하였다. 진실이 그들을 흔들기 시작하였던 것이다. 갑자기 그
들은 고함을 치면서 움직이기 시작하였다. 모든 일은 순식간
에 벌어졌다. 아무도 폭도들의 행위를 중단시킬 수 없었다.

"그를 물 속에 처넣어라."

그들은 고함을 치면서 감출 수 없는 사실을 감추고자 노력
하였다.

$$\sqrt{2} = 1.417\cdots.$$

그들은 히파수스를 잡아서 갑판에서 바다로 던져버렸다.

바다를 항해하는 중에 히파수스는 $\sqrt{2}$에 대한 비밀을 폭로하
려 했다는 이유로 배 위의 군중들의 분노를 샀다. 그리고 그들

은 '배신자'를 처형하였다.

■▲●

진실을 은폐하는 일이 워터게이트 사건*이나 이란 — 콘트라 사건**처럼 20세기에 들어와 자주 발생하는 현상같이 느껴지지만, 역사적으로는 다른 예가 얼마든지 많이 있다. 수학에도 이런 은폐된 사실이 존재할 것이라고 누가 생각이나 했겠는가?

왜 이들은 새로운 수의 발견을 감추려고 하였는가?

히파수스의 증명이 있기 전까지 모든 피타고라스 학파 사람들은 정수와 정수의 비로 모든 기하적인 대상을 표현할 수 있다고 믿었다. 비록 한 변의 길이가 1인 정사각형의 대각선의 길이를 나타낼 수 있는 분수***를 아무도 찾지는 못하였어도, 그들이 아직 찾지 못한 어떤 정수의 비가 존재할 거라는 믿음이 있었다.

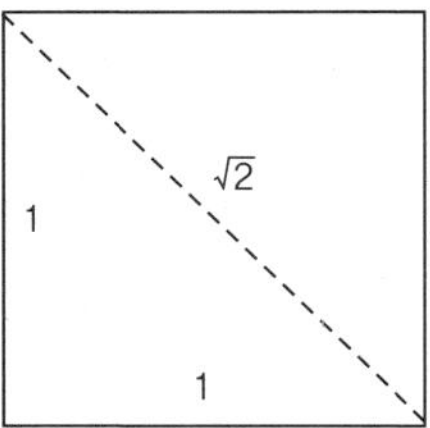

$1^2+1^2=\sqrt{2}^2$. 한 변의 길이가 1인 정사각형의 대각선의 길이는 $\sqrt{2}$이다.

피타고라스 학파는 다른 수의 존재를 받아들이려 하지 않았다. 따라서 히파수스가 정사각형의 대각선을 표현할 수 있는 어떤 다른 수도 존재하지 않음을 보이자 그들은 혼란에 빠졌고, 대각선의 길이를 근사적으로 나타내려 하였다. 실제로, 그들은 $\sqrt{2}$는 수가 아니라고 주장하였다.

비밀과 신비의 장막이 피타고라스 학파 사람을 감싸고 있었다. 보통 학교와 달리 피타고라스 학파에게는 준수하여야 할 여러 제약이 있었다. 그들은 비밀을 지키기로 맹세하였으며, 발견된 여러 사실들은 개인적인 명예보다는 학파 전체의 명예로 돌려졌다. 개개인의 믿음과 발견에 대한 어떠한 기록도 금지되었다.

수학은 그들의 삶에 아주 특별한 것이었다. 수학은 그들의 전체적인 믿음 체계에 영향을 주는 생활 철학이었다. 그들은 '만물은 수(All is number)' 라는 믿음을 가졌다. 그들에게 우주의 근본은 수이며, 특히 정수와

정수 비와 음악적 표현과의 관계를 연구하고 있는 피타고라스를 나타내는 동판화

이들의 비(분수)로 모든 것을 나타낼 수 있다고 믿었다. 피타고라스 학파는 정수와 분수를 이용하여 사람이나 음악 등을 표현하였다. 모든 정수는 1을 유한 번 더하여 얻어지므로 1은 모든 수의 신성한 창조자이었다. 2는 첫 번째 짝수로서 여성(음)을 상징하는 수로 다양한 의미와 연관되어 사용되었다. 3은 남성(양)을 상징하는 첫 번째 수로, 1과 2의 조합으로 이루어진 조화의 수로 받아들여졌다. 4는 정의를 상징하였으며, 5는 2와 3의 합이므로 혼인을 상징하였다. 이러한 방법으로 각각의 수는 평화, 완전, 풍부, 자기연민 등의 의미와 연결되었다.

그들은 모든 정수를 척도로 사용하였다. 피타고라스 학파는 어떤 수라도 정수의 비로 표현이 가능하다고 믿었다. 이러한 수로 이루어진 삶은 잘 정돈된 것이며, 수는 세상을 분명하게 표현할 수 있는 것이었다. 피타고라스 학파에게 불후의 명성을 안겨주었던 것은 '유명한 피타고라스 정리에 대한 증명의 도입(Enter the proof of the famcus Pythagorean theorem)' 이라는 정리이다. 이 정리 때문에 만물의 척도로서의 수의 역할은 붕괴되기 시작하였다.

우리는 배 위의 피타고라스 학파 사람들이 히파수스가 비밀의 맹세를 깨뜨리고 정수의 비로는 표현할 수 없는 수가 존재함을 선언한 것에 대한 분노를 상상할 수 있다. $\sqrt{2}$의 발견과 이 수가 무리수*라는 사실에 대한 증명에서 느꼈을 그들의 두려움을 상상해보라. 피타고라스 학파의 신념 체계를 지배하고 있던 수로는 정확한 표현이 불가능한 특별한 수 $\sqrt{2}$를 길이로 갖는 것(정사각형의 대각선)이 존재함을 확인하고 있는 피타고라스 학파 사람들의 모습을 상상해보라. 이 순간에 피타고라스 추종자들의 얼굴을 상상해보라.

"그럴 리가 없어!"

"이 사실이 세상에 알려서는 안 돼."

하며 속이 뒤집히는 느낌이 들었으리라.

진실을 감추려는 그들의 비밀 맹세가 지켜지겠는가? 이 은폐가 얼마나 오랫동안 가능하였겠는가? 그렇게 중요한 발견을 어떻게 감출 수 있었겠는가? 아마 몇 세기가 흐르는 동안 전 세계의 여러 분야에서 피타고라스 정리라 불리는 지식을 피타고라스 학파가 아닌 사람이 우연히 발견할 수도 있었을 것이다.

위의 이야기에는 많은 엇갈린 주장들이 있다. 메타폰툼의 히파수스가 기원전 5세기경에 무리수의 존재성을 증명하였으며 피타고라스 학파에서 추방되었다는 사실에는 이론이 없다. 그러나 그의 죽음에 대한 기록에는 그가 바다에 던져져 죽었다고 되어 있기도 하고, 어떤 기록에는 집단에서 추방되었으며 죽음을 가장하기 위하여 가묘와 비석을 만들었다는 주장도 있다.

피타고라스 학파의 비밀 서약은 히파수스가 제명된 정확한 의미와 이유에 대한 접근이 불가능하도록 만들었다.

여기에 그가 추방된 이유를 여러 가지 가능성으로 생각해본다.

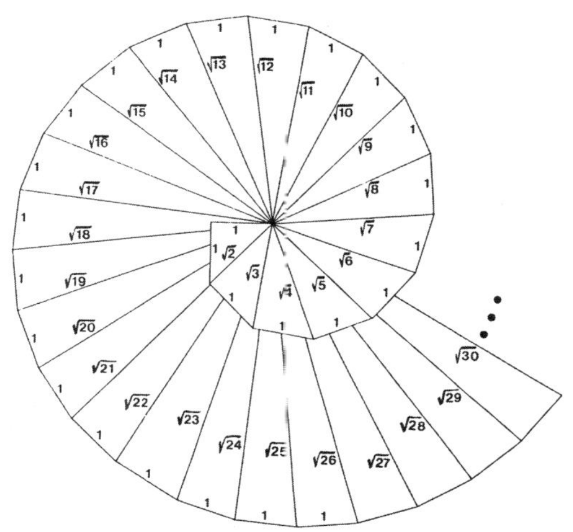

피타고라스 정리를 이용하여 무리수를 만드는 과정

- 무리수 $\sqrt{2}$의 발견을 발표함으로써 비밀과 개인주의의 맹세를 깨뜨렸기 때문이다.

- 피타고라스 학파의 보수적인 비밀 보존의 관습을 깨뜨리려했기 때문이다.

- 어떠한 기하적 도형(오각형 또는/그리고 십이면체)의 발견을 외부에 누설하였기 때문이다.

- 이러한 비밀집단의 규약을 어기는 사소한 여러 행위와 함께 $\sqrt{2}$를 외부에 알렸기 때문이다.

에이다의 탐욕

"**안 돼요**, 존!"

에이다는 목소리를 높였다.

"윌리엄에게 우리의 관계를 이야기한다면 그는 매우 크게 상처를 받을 거예요."

"나는 어떡하고! 우리가 도박으로 진 빚을 어떻게 해결하란 말이야?"

"당신은 내 인생을 담보로 이용하고 있어요. 남편이 이미 여러 차례 내 빚을 대신 갚아주었잖아요. 우리 어머니도 내가 비

젊은 시절의 에이다. 세계 최초의 컴퓨터 프로그램을 만들었다.

밀로 저당 잡힌 다이아몬드를 찾아주었고요. 비록 당신이 총각이 아니고 가족이 있다는 사실을 윌리엄이 알게 되더라도 우리의 관계를 그가 알게 해서는 안 돼요. 제발 부탁이에요.” 그녀는 애원하였다. “당신이 원하는 것이 무엇인가요?”

“나는 당신의 다이아몬드가 필요해. 저당 잡히면 꽤 큰 돈이 될 거야.”

“어떻게 내가 이런 인간과 엮이게 되었지?”

에이다는 스스로에게 물었다.

“나는 결혼 생활을 생명이 없는 생활이라고 생각하였지. 얼마나 어리석은 생각이었던가? 이것은 내가 상상하던 생활이 아니야. 나는 왜 도박에 빠져서 벗어나질 못하는 걸까? 이제는 끝장이야. 진작에 그레이그와 배비지의 충고를 들었어야 했어. 난 너무도 말을 사랑했어. 말들이 달리는 것을 보는 것은 짜릿했지. 게다가 돈을 걸고 내기를 하면 흥분은 절정에 이

르고……."

그녀는 크로스를 남겨두고 잠시 다른 방으로 갔다. 다시 돌아온 그녀는 오른손을 흔들면서 말했다.

"자, 여기 다이아몬드가 있어요. 저당을 잡혀도 좋아요. 그러나 우리 관계에 대해서는 침묵을 지켜야 해요."

몇 년이 지나고 에이다의 생각은 정돈되고 주위 사람들과의 관계도 좋아지고 지위도 회복되었다. 그러나 에이다의 몸에는 암세포가 자라고 있었다. 그녀의 일생은 짧았다. 그녀는 남편에게 그녀의 아버지 바이런 경의 곁에 묻어달라고 하였다. 그녀는 배비지에게 자기가 죽은 후에 자기의 소유물, 문서, 편지 등의 특별한 정리를 수행하는 유언 집행자가 되어달라고 편지를 보냈다. 에이다가 죽은 후에 배비지에게 보낸 에이다의 편지를 어머니는 인정하지 않으려고 하였다. 그러나 배비지는 에이다의 소원이 무시되도록 놔둘 수 없었다.

L양이 B씨에게 준 문서와 편지들은 그녀의 지적 수준이 굉장히 높다는 사실을 알려줍니다. 그녀의 지식을 사용하는 방법은 B씨의 마음에 달려 있습니다. L양의 유언에 따르면 모든 권한은 그에게

있다고 할 수 있습니다.

"어머니, 고통스러워요. 왜 모르핀과 아편을 더 이상 주지 않으세요?"
"얘야, 고통이 네 영혼을 맑게 해줄 것이다."
바이런 부인은 억지 웃음을 지으며 말하였다.

■▲●

바이런 경(1788-1824).
영국 낭만파의 대표적 시인

오늘날 에이다 바이런 러블레이스 (Ada Byron Lovelace)는 두 가지 사실로 기억되고 있다. 하나는 바이런 경의 딸이라는 것이고, 다른 하나는 최초의 컴퓨터 프로그래머로 인정된다는 것이다. 놀라운 것은 그녀의 프로그램을 시행해볼 만한 컴퓨터가 아직 존재하지 않았다는 것이다. 그녀는 자신의 프로그램을 시험해볼 수 있는 방법이 없었다. 찰스 배비지 (Charles Babbage)가 만든 기계의 작동법을 이해하기 위하여 공부를 시작하였지만 그녀의 프로그램 고안 과정은 대단한 것이었다.

그녀는 여성 교육은 의미 없는 것으로 여겨지던 시대, 특히 과학을 공부하는 것은 더욱 쓸모 없는 것으로 여겨지던 시대에 살았다. 수학 따위를 공부하는 것은 그녀의 연약한 두뇌에 과도한 역할을 요구하는 것으로 건강에 아주 해로운 것으로 여겨졌다. 다행히도 이러한 믿음도 에이다의 어머니 바이런 여사*가 가장 즐기던 수학 공부에 대한 신념을 꺾지는 못하였다. 어머니의 영향으로 에이다는 어렸을 때부터 수학에 대한 흥미를 가질 수 있었다.

집안의 명성에 힘입어 에이다는 많은 경험을 할 수 있었다. 매우 재능 있는 다양한 사람들과 대화하고 교류하며 공부할 수 있었다. 이들 중에는 메리 페어팩스 서머빌, 아우구스투스 드 모르간, 찰스 배비지, 찰스 디킨스와 같은 사람들이 있었다.

1835년에 에이다는 자기보다 열한 살이나 많은 윌리엄 킹(William King)**과 결혼하여 4년 동안 아들 둘과 딸 하나를 낳았다. 그러나 에이다는 아이를 돌보는 어머니의 역할에만 만족할 수 없었다. 그녀는 탐구적인 아이디어를 활용할 수 있는 공부를 계속하기를 원하였다. 다행히도 아이를 보는 것은 어머니와 남편이 기꺼이 도맡아주었다.

그녀의 수학에 대한 열정과 유창한 프랑스어 실력을 주의 깊게 보았던 영국의 테일러스 사이언티픽 메모이스(Taylor's Scientific Memoirs) 출판사가 배비지의 기계를 작동시키고 계산표를 얻는 방법에 대한 루이기 페데리코 메나브랴(Luigi Federico Menabrea)의 논문을 번역해달라고 요청하였다. 훗날에 그녀는 그 논문의 번역본을 '첫 아이'라고 하기도 하였다. 그 논문은 1842년 10월에 프랑스어로 번역되어 《비블리오테크 유니버셀 드 제네바(Bibliotheque Universelle de Geneve)》라는 책에 실렸다.

메나브랴의 논문이 배비지 기계의 기본적인 수학 원리만을 다루고 있다는 것을 깨달은 에이다는 자신이 알아낸 지식을 번역에 추가하여 주석 형식으로 첨가하기로 하였다. 그녀는 배비지의 설계도와 계통도를 분석하면서 사용된 수학적 원리와 공학적 구조를 설명하였다. 배비지의 기계는 자카르(Jacqard)의 베틀과 비슷한 원리로 구멍 뚫린 카드에 의하여 작동되는 것이었으나 그것보다 진보된 것이었다. 그녀의 주석에는 계산 과정이 수행되는 곳의 기계적 구조의 특별한 모양, 결

과를 저장하는 장소, 문제를 풀기 위하여 사용된 카드의 계속
적인 재사용을 위하여 카드를 모으는 것 등이 언급되어 있다.
그러나 에이다가 기술한 이 기계가 실제로는 존재하지 않는다
는 것에 주목하라.

그녀는 바이런의 기계가 오직 3장의 카드만으로도 자카르의
베틀이 330장의 카드를 사용하여 하던 일을 수행할 수 있는
방법을 설명하였다. 또 그녀는 그 동안에 풀리지 않았던 문제,
예를 들어 천문학에 사용되는 수표와 난수를 발생시키는 방
법, 복소수열의 계산법 등을 이 기계가 어떻게 다룰 수 있는지
를 설명하였다. 사실상 그녀는 베르누이의 수를 계산하는 프
로그램을 만들었고, 계산이 일어나는 곳과 결과를 읽는 방법
에 대하여도 설명하였다. 이것은 대단한 일이었다. 특히 그녀
의 프로그램을 수행할 수 있는 기계가 존재하지 않았음을 생
각하면 더욱 놀라운 일이라 할 수 있다. 그녀의 주석은 번역문
길이의 3배에 해당하는 분량으로, 배비지 스스로는 생각해본
일이 없는 통찰과 상상으로 가득 차 있었다. 이러한 탐구 활동
을 할 때의 에이다는 열정적이며 순수하였다.

에이다가 어려움을 겪은 부분이 확률 분야이었는지, 혹은 말
에 대한 애정이 지극해서인지 모르지만, 어릴 때부터 말 타기

를 좋아하고 말을 사랑하던 그녀는 쉽게 경마 도박에 빠져들었다.

과학자 앤드류 크로스가 소개해준 그의 아들이자 수학자인 존 크로스(John Crosse)를 만난 순간 그녀는 깊이 빠져들고 말았다. 그녀는 "크로스는 아주 뛰어난 수학자이며…… 나의 의견에 의도적으로 반대하면서도 아주 완벽한 유머와 뛰어난 논리를 가지고 있으며……. 분명 유능하고 지적이므로 친구 목록에 넣어도 좋을 사람이다"*라고 적었다. 시간이 흐르면서 그들의 관계는 우정보다는 사랑하는 연인으로 변하였다. 그들은 수학에서의 공통된 관심사뿐만 아니라 도박, 특히 경마에 대한 열정적인 사랑도 일치한다는 것을 알게 되었다. 이때부터 그들은 빚에 빠지기 시작하였으며 빚이 늘어날수록 잃은 돈을 만회하려는 그녀의 집착은 더욱 강해졌다.

1848년에 에이다는 빚더미에 묻혔고 드디어 가까운 친구이었던 워론조 그리그(Wonronzow Greig; 여성 수학자 메리 서머빌의 아들)에게 남편 몰래 돈을 빌려달라고 하였다. 그러나 그는 돈을 빌려주지 않았고 그녀는 더욱 깊이 빚더미에 빠져들었다. 그러자 남편에게 책과 음악에 과도한 지출이 생겨 빚이 있다고 설명하며 일년 용돈*을 올려달라고 하였다. 그녀는 도박이나 크로스의 집에 가구 등을 사면서 지불한 돈에 대하여는 남편에게 말하지 않았다.

그녀의 빚을 갚아준 남편은 그녀를 휴가 보내기로 하였다. 아내의 심각한 경마 도박을 알아채지 못한 그의 결정은 그녀가 도내스터 경즈에 가는 것을 허락한 셈이 되고 말았다. 여기에서 그녀는 다시 도박의 덫에 걸려들었으며 빚은 이미 하늘을 찌를 지경이 되어버렸다.**

좋지 않은 건강은 도박에 대한 광적이며 맹렬한 탐닉 때문에 더욱 나빠졌다. 그녀는 생명보험까지 도박꾼에게 담보로 제공하였으며, 크로스에게는 남편의 지급 보증서를 제공하는 등, 더 많은 거짓과 속임수를 사용하였다.

그녀는 러블레이스가 준 다이아몬드를 800파운드에 몰래 저당잡히고 모조품을 사용하기도 하였다. 결국 어머니에게 이러한 사실을 고백하였으며 어머니는 그녀를 빚더미에서 구해주었다.

1852년 남편은 친구 크로스가 비밀결혼을 하였으며 가족이 있다는 사실을 말해주었다. 에이다는 크로스가 자신과의 관계

*남편인 러블레이스 경은 그녀가 돈을 만지는 것을 금지했다. 그녀의 1년 용돈은 300파운드였다.

**1851년 더비 경마에서 그녀는 3,200파운드를 잃었다.

를 남편에게 폭로할 것이 두려웠다. 결국 그녀는 크로스의 침묵을 다이아몬드와 교환한 것이다.

그러나 그해 그녀 인생의 마지막 해에 자궁경부암이 천천히 그리고 고통스럽게 자라고 있었다. 어머니가 그녀와 가정 일을 돌보아주었다. 에이다는 이미 생활을 통제할 능력이 없었던 것이다. 그녀가 숨을 거두기 며칠 전에 어머니에게 크로스와의 일을 고백하였으나 그에게 바이런 경의 금반지와 바이런의 머리카락이 들어 있는 기념 상자, '아테네의 아가씨'의 작은 초상화를 준 사실은 말하지 않았다. 시간이 지나면서 에이다의 고통은 오로지 모르핀과 아편으로만 통제할 수 있게 되었고, 어머니는 에이다의 정신이 흐려지는 것을 막기 위하여 이런 약의 사용을 중단하였다. 그녀는 마지막 날을 고통으로 괴로워하며 보냈다.

1852년, 36세의 나이로 에이다 바이런 러블레이스는 죽었다. 에이다가 죽자 크로스는 그녀의 생명 보험료를 요구하면서 에이다가 보낸 다정한 편지들을 에이다의 가족에게 팔았다. 바이런 부인은 자신과 아이들을 레블레이스 경으로부터 일정한 거리가 유지되도록 하였다. 에이다의 도박을 중지시키지 못하고, 자신과 에이다 사이에 균열이 생기게 한 것은 러블레이스 경의 책임이라고 생각하였다. 더욱이 바이런 부인은 러블레이스 경이 아내의 소원에 따라 아버지 바이런 경의 곁에 에이다를 묻은 사실에 무척 격분하였다.

에이다가 수학에서, 특히 컴퓨터 프로그래밍에서 쌓은 공적은 연구자들이 그녀의 작품을 발견하게 되는 1900년대 중반까지는 빛을 발하지 못하였다. 오늘날 에이다 바이런 러블레

배비지의 유명한 계산기와 찰스 배비지(1792-1871)

이스는 컴퓨터 프로그래밍의 공헌자로 인정받고 있다. 미국표
준학회는 그녀의 프로그래밍 업적을 기리기 위하여 ADA를 국
가 표준형으로 정하였으며 그것에 문서 번호 MIL-STD-1815
를 부여하였다. 이 숫자는 에이다가 출생한 해이다.

로피탈의 명예욕

"아니오. 후작님, 그것은 라이프니츠가 의도한 것이 아닙니다."

요한 베르누이가 설명하기 시작하였다.

"이 정리를 증명하여 봅시다."

그는 최근에 발간된 라이프니츠의 논문*의 중요 내용들을 하나씩 설명하기 시작하였다.

로피탈 후작(Marquis de L' Hospital)은 라이프니츠가 개척한 수학의 새로운 분야에 흥미를

*라이프니츠의 미적분 논문은 1684년과 1686년에 출판되었다. 라이프니츠의 첫 논문이 발표된 이후인 1685년에 라이프니츠와 베르누이 형제가 공동 연구를 시작한 것은 잘 알려진 사실이다.

요한 베르누이(1667-1748)는 스위스 바젤의 유명한 상인 가문으로 그의 형 야곱(1654-1705)과 함께 수학, 특히 미적분 분야에 많은 공헌을 하였다. 더욱이 요한은 유럽대륙에 미적분학의 가치를 전파시키는 중요한 역할을 하였다.

느끼긴 했지만 그저 기분 전환용이나 취미로 공부하였으므로 미적분학에 대한 새로운 아이디어를 완전하게 이해하고 사용하기에는 부족하였다. 요한과 야곱 베르누이 형제가 라이프니츠의 미적분학 개발에 아주 중요한 도움을 주었다는 것은 익히 잘 알려진 사실이다. 이 분야의 새로운 아이디어를 구하는 데 이들보다 더 나은 전문가는 없었다. 따라서 로피탈은 요한에게 개인교습을 부탁하였다. 매우 재능 있는 요한은 로피탈의 개인교습을 수입의 원천으로 삼았으며 귀족들과 교분할 수 있는 기회로 생각하였다. 몇 달 동안 로피탈의 시골영지와 파리의 집에서 공부한 후에 베루누이는 자신의 고향 바젤로 돌아갔다. 두 사람은 아이디어나 의문점을 서로 교환하기로 약속하였다.

자신의 연구와 요한의 통찰력 있는 편지를 비교하던 로피탈은 수학 분야에서 그의 발견이나 아이디어는 라이프니츠나 요한의 업적에 비교하면 거의 무의미하다는 것을 깨닫게 되었다. 로피탈은 자신이 아마추어 수학자라는 사실을 잘 알고 있었던 것이다. 그는 요한에게서 발견되는 창조적이며 직관적인 어떤 능력이 자신에게는 부족함을 깨달은 것이다. 그럼에도 그는 귀족 신분보다도 더 애정을 가졌던 수학에서 명성을 얻기를 원했다.

이러한 사실은 1694년 3월 17일에 쓴 편지에서도 드러난다.

친애하는 요한에게

우리는 서로에게 필요한 존재인 것 같소. 나는 당신의 지적인 재능이 필요하고 당신은 나의 재정적 도움이 필요하지요. 따라서 다음을 제안하겠소.

나는 올해 당신에게 300리브르*를 연금으로 지급하겠소. 더하여 당신이 나에게 보낸 여러 잡지의 대가로 200리브르를 더 내겠소. 이 금액은 매우 싼값이라고 생각되므로 내 일이 정리되는 대로 연금을 인상해주겠소. 나는 당신의 모든 시간을 나에게 바치기를 바라는 것이 아니고 어떤 의문이나 문제가 생길 때마다 약간의 시간만을 내주기를 원하는 것이오. 이에 더하여 나는 당신이 새롭게 발견한 사실들에 대하여는 다른 사람에게 알리

*livre: 프랑스의 옛 화폐 단위

지 말고 나에게만 알려주기를 바라겠소. 특히 당신이 나에게 보낸 내용의 복사본을 다른 사람에게는 보내지 말 것을 요구하오. 나는 그것들이 세상에 알려지는 것을 원하지 않소.

당신의 회신을 기다리겠소.

당신의 친구

le M. de 로피탈

요한은 로피탈의 편지를 받고 약간 놀랐으나 그는 실리적인 사람이었다. 그는 최근에 결혼하였고 아직 완전한 직장*을 갖고 있지 못하였다. 잠시 동안 이렇게 하는 것이 경제적으로 도움이 되는 길임은 분명하였다.

요한은 로피탈이 자신의 업적을 사람들에게 마치 스스로 발견한 것처럼 자랑하려고 하는 것이라고 추측은 했지만 로피탈의 이름으로 책으로 출간하리라고는 생각하지 못하였다.

1696년 《무한소 해석학(Analyse des infiniment petite)》이라는 로피탈의 저서가 파리에서 출간되었다. 베르누이와 라이프니츠의 많은 아이디어가 로피탈의 저서에 나타나 있었다. 로피탈

은 영리하게도 다음과 같은 포기 선
언—"나는 그들의 발견을 자우롭게
사용하였으므로 무엇이든지 그들이
자신의 소유라고 주장하는 것은 다시
그들에게 돌려줄 것이다."—을 이 책
에 써넣었다. 그의 책은 꽤 널리 알려
졌고 특히 $\frac{0}{0}$으로 나타내는 식에 대한
법칙은 '로피탈의 정리'라는 이름으
로 유명해졌다. 이 법칙이 로피탈의
이름을 수학사에 올려놓은 것이다.

로피탈(Guillaume Francois Antoine de l'Hospital; 1661–1704)은 프랑스의 귀족으로 수학 공부를 즐겼다.

한편, 그들 사이의 계약에 따라 베르누이는 로피탈이 죽기
전까지는 그 책에 실려 있는 어떤 내용도 자신의 것이라고 세
상에 알릴 수 없었다. 결국 1955년까지 그의 업적에 대한 정
당한 평가를 받을 수 없었고, 오늘날까지도 그 법칙은 '로피
탈의 정리'로 불린다.

■▲●

로피탈과 베르누이와의 관계에 관한 진실은 수백 년 동안

알려지지 않았다. 로피탈의 사후에 베르누이는 그의 발견을 세상에 알릴 수 있게 되었고, 진실을 1704년 학술 잡지 《아크타 에루디토룸(Acta Eruditorum)》에 발표하였다. 그러나 이미 로피탈이 죽었기 때문에 모든 것이 모호하게 되어버렸다. 최초로 진실이 알려진 것은 요한 베르누이의 미적분학에 대한 강의록*(그가 1691-92년에 강의한 내용)이 로피탈의 책보다 먼저 출판되었다는 사실이 밝혀진 1922년 뒤이다. 두 결과를 비교해보면 로피탈이 베르누이의 결과를 전재하였음을 알 수 있다.

확정적인 증거는 1955년 스피스(O. Spiess)가 엮은 요한 베르

로피탈의 정리는 x→a일 때 극한값이 각각 0이 되는 두 함수의 비를 설명하는 내용이다. 이 법칙에 따르면 두 함수의 도함수를 이용하여 그 비를 구할 수 있다.

누이의 전기에 로피탈과 베르누이의 계약서(여기에서 대화 형식
으로 나타낸 내용)가 수록된 것이다. 그 계약서에는 베르누이가
발견한 어떤 수학적 사실은 로피탈이 대가를 지불하고 독점적
으로 사용할 권리를 갖는 것으로 되어 있다. 또한 1694년 6월
22일 베르누이가 로피탈에게 보낸 편지에 $\frac{0}{0}$에 대한 법칙이 수
록되어 있는데 이는 로피탈의 책보다 앞선 것이었다.

누구의 입체란 말인가?

"이 다섯 개의 아름다운 입체를 이용하여 원소—불, 물, 공기, 흙—를 수학적으로 표현할 수 있다네." 플라톤은 친구에게 설명하기 시작하였다. "사실 이러한 생각을 내 저서 대화편 《티마이오스》*에 써놓았네."

"설명해보게나." 친구가 재촉하였다.

"이러한 입체들은 그들이 나타내는 원소만큼이나 지극히 아름다운 것이지. 각각은 같은 크기와 같은 형태로 이루어진 유한 개의 면으로 구성되어 있고,

서로 정확하게 들어맞는다네. 나는 네 원소를 각각의 입체에 대응시킬 수 있어. 불은 정사면체, 흙은 정육면체, 물은 정이십면체, 공기는 정팔면체라고 할 수 있네." 플라톤은 입체를 그리면서 말을 이어갔다.

"그런데 정십이면체는 무엇이라고 할 수 있겠는가?" 친구가 물었다.

"경애하는 디오클리데스, 그것은 우주를 나타내지. 12개의 면은 12궁(宮)을 상징하는 것이고."

"물론, 나는 자네가 이런 관계를 생각해낼 만큼 천재적이라는 사실을 익히 알고 있었네." 친구는 흡족해하였다.

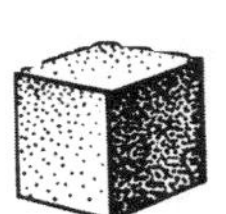

정사면체

정육면체

정팔면체

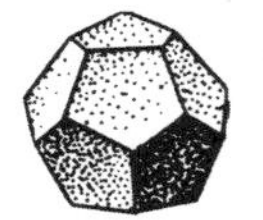

정십이면체

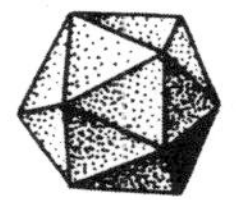

정이십면체

플라톤의 입체

■▲●

비록 플라톤이 이 다섯 입체를 발견한 것은 아니지만 저서 《티마이오스》에 생동감 있게 기술하고 있다. 플라톤은 대화편에서 다섯 입체의 형태를 자연 현상과 연관지었다. 그리고 대

플라톤(기원전 428-348)

화편의 명성 때문에 수세기 동안 이 입체들은 플라톤의 공적으로 오인되었고 아직도 사람들은 이 입체를 '플라톤의 입체'라고 부른다.

남의 공적을 자신의 공적인양 치부해 버리는 많은 사람과 달리 플라톤은 이 입체들의 발견자가 아님을 분명히 했다. 그러면 누가 이 입체를 발견했을까?

정사면체, 정육면체, 정십이면체는 피타고라스 학파가 발견하였다. 플라톤은 아프리카에 있던 그리스 도시와 이탈리아 반도, 특히 기원전 388년에 시실리를 여행하면서 다양한 피타고라스 학파의 아이디어를 배웠다.

다른 두 정다면체—정팔면체와 정이십면체—는 수학자 테아이테토스*의 업적이라고 할 수 있다. 뿐만 아니라 테아이테토스는 유클리드의 원론에 나오는 내용—볼록 정다면체는 5개만이 존재함을 보이는 과정—을 증명한 것으로 여겨진다. 플라톤은 테아이테토스와 가깝게 지냈으며, 《테

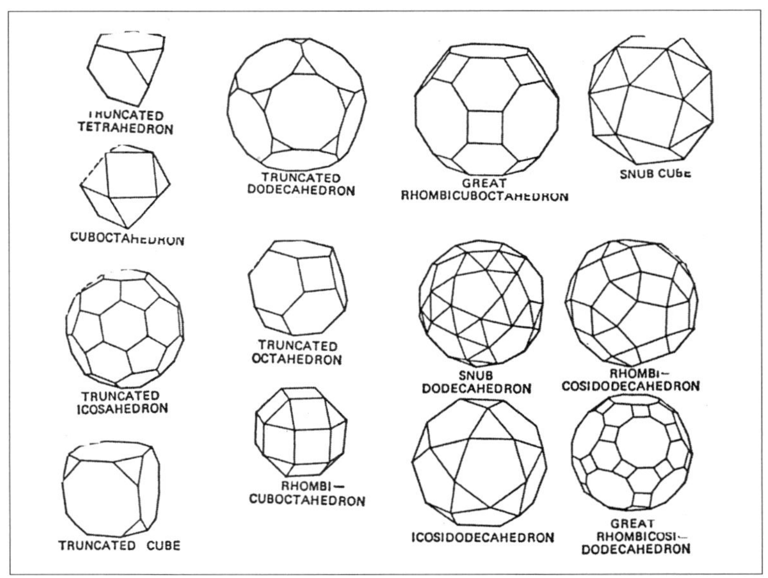

아르키메데스의 입체. 다섯 개의 플라톤 입체와 달리 이들 입체의 면은 서로 합동되지 않는다.

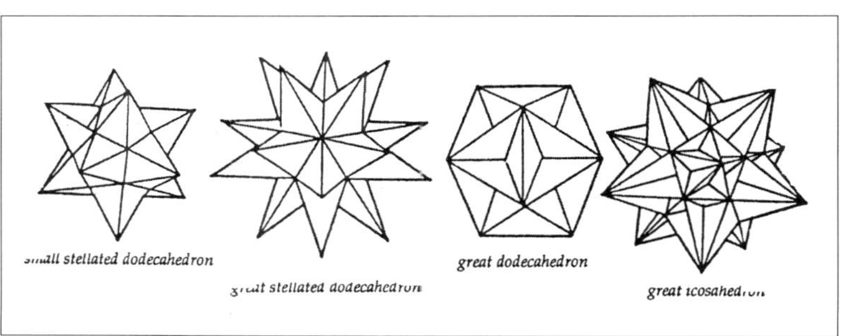

두 입체는 요한 케플러가 발견하였고, 다른 두 입체는 루이 푸앙소(Louis Poinsot)가 발견하였다. 이들은 볼록다면체가 아니다.

아이테토스》라고 불리는 대화편에서는 그의 친구가 전쟁에서 부상당하여 결국 죽는 것으로 묘사하고 있다.

플라톤은 결코 사람들에게 찬사를 받기 위하여 이 입체들에게 자신의 이름을 붙이지 않았다.

괴델의 편집증

"**나는** 확신합니다. 오스카, 문제가 되지 않아요." 아인슈타인이 확신에 찬 어조로 말하였다.

그러나 모르겐슈테른*은 확신할 수 없었다. 방금 괴델과 이야기를 나누었던 것이다.

"알베르트, 그는 미국에서 독재가 가능할 수 있다는 헌법의 허점을 찾아냈다고 주장하고 있습니다. 나는 전체적으로 균형과 견제가 주어지도록 여러 법률이 갖추어져 있으므로 그런 일이 일어날 수 없다고 주장하였지요. 그러나 잘 아시는 바와 같이 그의 논리는 흠잡을 곳이 없습니다. 만약 그가 그런 허점을 발견하였다고 주장한다면 그 같은 오류가 존재하는 것이겠지요. 그런데 이 시점에서 문제는 시민권 획득을 위한 인터뷰를 통과하는 것이지 이것이 아니라고 말해주었지요. 비록 그런 허점이 있더라도 인터뷰에서는 그것에 관심을 갖지 말고 간단한 질문에 대답만 하라고 하였습니다."

"오스카, 물론 당신 말이 옳아요. 쿠르트에게는 그냥 단순하고 명확한 것이란 없지요. 그는 의문점의 다양한 측면과 여러 가지 문제를 모두 고려하지요. 우리는 이러한 그의 성향을 제지하여야 합니다. 우리는 적어도 인터뷰 전까지는 그의 정신이 어지러워지는 것을 막아야 합니다." 아인슈타인이 대답하였다.

"아주 논리적이라는 것은 때로는 비실용적일 수도 있어요. 상식이 어떤 때는 그의 총명함을 가리기도 하지요." 모르겐슈테른은 덧붙였다.

시민권 취득을 위한 인터뷰를 하는 판사는 괴델의 열렬한 팬이었으며, 괴델의 보증인으로 명성 있는 사람들의 참석을 요구하였다. 아인슈타인과 모르겐슈테른은 인터뷰하는 동안에 발생할지도 모르는 문제를 해결해줄 수 있는 역할에 기뻐하였다.

"아직까지는 당신은 독일 시민입니다." 판사가 괴델에게 한마디 하였다.

"아니오. 나는 오스트리아인입니다." 괴델이 판사의 말을 정정하였다.

"아, 그렇지요. 하지만 오스트리아는 히틀러의 독재 아래에 있지요. 다행히도 이런 일은 미국에서는 불가능합니다만." 판사가 대답하였다.

그 말을 듣는 순간 아인슈타인과 모르겐슈테른은 최악의 상황을 염려하였다. 판사가 판도라의 상자를 연 것이다.

"나는 이 나라에서도 그런 일이 일어날 수 있다는 것을 증명할 수 있습니다." 괴델이 주먹으로 책상을 치면서 주장하였다. 괴델은 예의 비판적 논조로 증명을 시작하였고 세 사람은 중단시키기 위하여 힘을 쏟았다. 많은 노력으로 괴델은 조용해졌고 상황은 해결되었다. 시민권이 승인된 것이다.

"의사라는 사람을 …… 나는 그들을 믿을 수 없어, 아델." 저녁 식탁에서 괴델은 아내에게 불쑥 말을 꺼냈다.

"여보, 당신 기분이 별로 좋지 않은 것 같네요. 거의 식사를 하지 않았네요." 아내가 대답하였다.

"나는 항상 음식에 어떤 음모가 있는 것 같아서 무서워." 괴델이 말하였다.

"여보, 나를 믿으세요. 두려워하지 마세요. 여기에 모든 것을 준비해두었어요." 아내는 식사를 할 때마다 이런 식으로 끊임없는 확신을 심어주어야 했다. 그의 편집증은 아델이 중요한 수술을 받고 회복실로 옮겨진 후부터 더욱 심해졌다. 그곳에서 그녀는 그에게 음식물이 안전하니 먹으라고 달래거나 구슬릴 수조차 없었다.

"나는 먹을 수 없어. 분명히 독이 들어 있어. 아마 도살업자가 어떤 것을 넣었을 거야." 괴델은 생각했다.

"우유, 채소, 어떤 것이든지 먹을 수 있는 것이 없군. 그들이 나를 독살하려는 것이 분명해. 난 알고 있지."

그는 거의 미쳐 있었다. 그의 편집증은 모든 행동과 생각을 병들게 하였다.

아델이 없는 동안에 괴델은 먹지 않았다. 날이 갈수록 괴델은 약해졌다. 1977년 12월 19일에 이르러서는 입원하게 되었으나 치료와 식사를 거부하였다.

1978년 1월 14일, 괴델은 병원에서 숨을 거두었다. 금세기 가장 뛰어난 논리가가 세상과의 문을 닫고 굶어 죽은 것이다. 무엇이 그의 감정 조절 능력을 상실하게 하였는가? 매일매일 변하는 사회적 상황에 적응하기 어려웠던 이유가 무엇이었을까?

■▲●

쿠르트 괴델(Kurt Gödel)을 둘러싼 해괴한 이야기가 많이 있다. 그의 삶은 편집증 때문에 괴로움의 연속이었고, 그 결과 반쯤은 미친 천재가 되어갔다.

괴델은 1906년 독일어를 사용하는 루터교의 가정(모라비아의 브륀의 소수 집단)에서 직물공장 노동자인 루돌프와 마리안느의 둘째 아들로 태어났다. 괴델의 형은 방사선 학자가 되었고, 괴델은 비엔나 대학에서 수학을 공부하여 1930년에 박사 학위를 취득하였다. 1930년 쾨니히스베르크 학회의 토론에서 그의 첫 번째 중요한 아이디어가 나타난다. 이 아이디어는 학회 참석자의 사고 수준을 넘어서는 것이었다. 괴델이 제시한 아이디어의 한 가지라도 그들이 이해할 수 있었다면 쾨니히스베르크는 수학사에 중요하게 기록될 수 있었을 것이다*.

1931년 논문 〈프린키피아 매스메티카에서 형식적으로 결정되지 않는 명제와 관련된 체계(On Formally Undecidable Propositions of Principia Mathematia and Related Systems)〉가 독일에서 발간되었다. 이 논문에서 그는 유명하고 복잡한 '불완전성 정리(Incompleteness Theorem)'**를 형식화하고 증명하였다. 이 정리는 당시 수학의 대가인 버트런드 러셀, 화이트헤드와 힐베르트 등의 업적에서 극복할 수 없는 장애로 여겨지던 정리이다.

…… 괴델의 정리는 인간의 사고가 사람들이 믿는 것보다는 더 복잡하며 덜 기계적이라는 사실을 보여준다. 1930년대 초반에 한바탕 소란이 있는 후에, 그 결과는 기교적인 수학의 한 분야로 정착되었다. …… 그리고 개인이 출연한 수리논리연구소가 생기기 시작하였으며, 이런 연구소들은 현실과 관련이 있는 정리들에 대하

여 관심을 보이는 경향이 있었다.*

* *Life in Gödel's Universe: Maps all the way*, by George Zebrowski, *Omni*, April 1992, P.53. Originally from *Mind Tools* by Rudy Rucker, Houghton Mifflin Co., Boston, 1987.

실제로, 괴델 정리의 의미와 아름다움은 단순히 수학적 체계뿐만 아니라 컴퓨터 과학, 경제학, 정치학, 특히 자연과 같은 넓은 분야에 관계가 있고 응용될 수 있다는 데 있다. 그의 정리는 공리 체계에서 증명할 수 있는 모든 명제—우리는 결코 모든 것을 알 수 없으며 우리가 발견한 모든 것을 증명할 수도 없다.—가 참이 되지는 않는다는 것을 말하고 있다. 언뜻 보아도 명확하고 참인 것으로 보이는 괴델의 '불완전성 정리'의 진짜 아름다움은 이것이 공리(참이라고 가정된 것)가 아니라 정리(참으로 증명된 것)라는 사실에 있다. 그의 증명 과정과 방법은 천재적이다. 그는 증명에서 '괴델 수(Gödel Number)'라고 이름 붙인 수를 이용하여 명제를 숫자로 나타내는 방법을 고안해냈다.

1929년 아버지가 죽은 후에 형과 어머니는 비엔나로 이사하였다. 1933년에 괴델은 프린스턴 대학의 고등과학연구소에 초빙되었다. 그런데 괴델은 주기적으로 오스트리아로 되돌아가 강의를 하였다. 이때쯤 비엔나에서 신경쇠약의 증세가 자주 나타나기 시작하였으며 결과적으로 감정 조절 능력의 상실로 고통을 겪었다. 나이트클럽 무용수 아델 프로케트 님버스키(Adele Prokert Nimbursky)와의 결혼을 반대한 아버지 때문일까? 그의 우울증과 관련이 있는 것일까? 명성에 따른 결과로 나타난 어떤 문제점 때문일까?

그는 모든 사회적 상황에 대처할 능력을 상실하였다. 프린스 턴에서 친구들과 한 작은 모임—그의 가장 친한 친구는 알베르트 아인슈타인이었다.—을 가졌는데, 많은 사람들이 그와 만나 교류하기를 원하였어도 그는 이 모임을 확장하려고 하지 않았다. 그는 타인의 관심 대상이 되는 것에 흥미가 없었으며 얼굴을 맞대고 토론하는 것을 싫어하였다. 그는 이상하고 극단적인 방법으로 사람을 피하였다. 예를 들면, 그가 만나기를 원하지 않는 사람이 만나려 하면 사양하지 않고 약속을 한 후에 나타나지 않는 것이다.

그러던 괴델이었지만 아버지가 반대하던 나이트클럽 무용수 아델과 1938년에 결혼하면서 개인적 생활은 긍정적으로 변한다. 그들은 평생 동안 같이 살았다. 미국과 오스트리아를 왔다 갔다 하던 생활은 1939년 오스트리아 여행 중에 파시스트 학생으로부터 공격을 받아 상처를 입은 후에 중단되었다. 더구나 그가 오스트리아에 도착하였을 때, 유대인 독립과 관계된 것으

로 알려진 단체에 연관을 주장
하는 익명의 편지를 받았다. 이
것이 괴델이 미국에 시민권을
신청하게 되는 직접적인 원인이
되었고 즉시 승인되었다.

그가 프린스턴으로 돌아왔을
때 고등과학연구소와 영구 계약
을 맺었다. 그러나 수학과에서
정교수가 되기까지는 13년이 더
필요하였다. 왜 그렇게 널리 알
려진 수학자가 빨리 승진하지
못하였는가? 교수직의 따분한

아인슈타인과 함께, 1950년 프린스턴에서.

여러 의무를 수행하는 방법에 어떤 문제가 있었던 것일까?

임용된 후에 그는 직분을 심각하게 받아들이고 의무를 매우
성실하고 철저하게 수행하였다. 그의 업적을 인정하는 많은
상이 주어졌으며, 이 중에는 1951년 예일 대학에서 받은 명예
박사, 1952년 하버드 대학에서 받은 명예박사, 1975년에 미국
과학메달 등이 있다. 그러나 오스트리아에서 제의한 명예박사
는 거절하였다.

$$\text{To every } \omega\text{-consistent recursive class } \kappa \text{ of } \textit{formulae} \text{ there correspond recursive } \textit{class-signs } r, \text{ such that neither } \upsilon \text{ Gen } r \text{ nor Neg } (\upsilon \text{ Gen } r) \text{ belongs to Flg } (\kappa) \text{ (where } \upsilon \text{ is the free variable of } r).$$

괴델의 불완전성 정리는 1931년 그의 논문 〈프린키피아 메스메티카에서 형식적으로 결정되지 않는 명제와 관련된 체계〉에서 나타나 있다. 기본적인 의미는 형식적 추론 체계에는 그 체계에서 증명될 수 없는 참인 명제가 적어도 하나 존재함으로써, 체계 자체를 불완전하게 만든다는 것이다.

그는 말년에 특히 수학에 관련된 철학적 연구에 관심을 기울였으며, 1976년 70세의 나이로 은퇴하였다. 프린스턴에서 36년을 보낸 것이다. 인생의 마지막 해에 그는 자신의 논문의 영향과 가치 및 성과 등에 의문을 제시하였다. 이러한 것이 그를 약해지도록 한 것일까? 그는 정신적인 장애물을 하나 더 쌓은 셈이 된 것이다.

그가 죽은 후에 아주 재미있는 소장품이 발견되었는데, 이 중에는 다른 사람이 그의 논문에 대한 정보, 의견, 반응 등을 요구하는 편지 상자가 들어 있었다. 여기에 여러 번 고쳐 쓴 흔적이 있는, 우송되지 않은 답장이 한 묶음 발견되었다. 자신의 만족을 위하여 쓴 것일까? 그는 스스로 완전히 만족하는 답장을 만들기 어려운 완벽주의자였는가? 그의 편집증은 그의 신념에 대한 토론이나 수정을 용납하기 어려운 상태였을까?

그의 노트 중에는 수학적인 아이디어에 반대되는 여러 생각들이 나타나 있다. 종교에 심취한 그는 신의 존재성에 대한 증명을 하기도 하였는데, 어머니에게 다음과 같이 편지를 쓰기도 하였다.

우리는 물론 신학적 세계관을 과학으로 증명할 수 없습니다. ……제가 신학적 세계관이라 하는 것은 이 세계와 그 속의 모든 만물들이 나름대로의 존재 의미를 가지며, 그 의미가 절대로 옳다고 믿는 관점을 말합니다. 그런데 세속적인 존재들은 대체로 그 의미가 모호하기 때문에, 이들은 다른 완벽한 존재가 나타나기 전 단계의 과도기적 존재들인 것 같습니다. 세상 모든 만물들이 존재의 의미를 가진다는 생각은 과학의 근본 법칙과도 일맥상통합니다.*

*Pi in the Sky, John D. Barrow, Clarendon Press, Oxford, 1992. P.124.(《수학, 천상의 학문》, 경문사, 2004, P.180)

그의 일상적인 생활은 헛된 아이디어로 넘치고 있었던 것일까? 왜 일상적인 약속을 하기가 그에게 어려운 일이었을까? 무엇이 그를 궁지로 몰았을까? 그는 누구를 적이라고 생각했을까? 왜 누군가가 자기를 독살할 것이라고 생각하였는가? 그의 정신적 불안을 증폭시킨 물리적 상황이 존재하였는가?

괴델의 죽음의 원인은 미스터리로 남아 있다.

뉴턴의 사과는 없었다

"**만나**주셔서 감사합니다, 바턴 여사." 볼테르는 뉴턴 경의 조카인 캐서린 바턴에게 정중하게 인사를 하였다.

"존경하는 삼촌에 대하여 말할 수 있는 기회를 얻게 되어 오히려 제가 기쁩니다." 그녀가 대답하였다.

"그는 치적이 뛰어난 왕처럼 묻혔습니다. 바턴 여사, 말만으로는 그의 위대함과 천재성을 고두 표현할 수 없겠지요?" 볼테르가 다시 말하였다.

"당신의 글은 우리에게 굉장한 의미가 있었습니다. 삼촌은 특별한 분이셨지요. 삼촌에 대해서는 좋은 기억만 있습니다. 그런데 내 남편 존이 한 이야기를 알고 있습니까?" 바턴 여사가 물었다.

"잘 모르겠는데요. 말씀해주시지요." 볼테르가 재촉하였다.

"아이작 아저씨는 결코 자신의 놀라운 발견을 사람들이 인정해주기를 바라지 않으셨습니다. 다른 사람들이 그의 발견을 이용하는 것에 만족하셨지요.＊ 친구분들이 아니었더라면 그의 위대함은 알려지지 않았을 것입니다. 그는 그렇게 겸손한 분이셨지요."

그녀가 웃으면서 말하였다.

"이번 저의 글에 이 내용을 포함시켜야겠습니다. 그런데 뭔가 재미있는 일화 같은 것은 없습니까?"

볼테르는 기대에 차 물었다.

"사과에 관한 이야기가 적절하겠지요?" 그녀가 대답하였다.

"사과 이야기?" 그가 물었다.

"예, 아이작 아저씨께서 중력법칙(만유인력법칙)을 생각하기 시작한 것은 사과가 그의 머리에 떨어졌을 때부터지요."

"그 말은 떨어지는 사과가 아이작 뉴턴 경의 중력에 관한 아이디어를 떠오르게 했다는 것인가요?” 볼테르가 놀라서 물었다.

“맞습니다.” 바턴 여사가 대답하였다.

■▲●

신비화는 고전에서 현대까지 수세기 동안 사람들이 만들어낸 전통의 일부이다. 뉴턴의 사과는 조지 워싱턴의 벚꽃나무와 같은 범주에 속하는 이야기이다. 뉴턴의 경우는 그의 전기작가인 데이비드 브뤼스터(David Brewster) 경이 볼테르에게서 전해들은 이야기를 신비화한 것이다. 즉, 사과가 뉴턴의 머리에 떨어져 뉴턴이 중력법칙을 발견하였다는 전설이 시작된 것이다*

볼테르는 뉴턴의 열렬한 추종자였으므로 뉴턴을 옹호하는 사람이라고 할 수 있다. 그들은 서로 만난 적이 없지만 사실상 그는 뉴턴의 프랑스 홍보담당자로 간주된다. 볼테르는 이 전설을 만들고 퍼뜨리는 데 큰 역할을 하였다.

뉴턴의 개인적인 공적과 명성은 신화적인 상태—그를 신성시하는 경향—에까지 이르렀다.

젊은 시절의 뉴턴(Isaac Newton, 1642–1727)

*Let Newton Be!, John Fauvel, Oxford Universisty Press, Oxford, 1989, P.4.

볼테르가 주목한 것처럼 사람들은 뉴턴의 공적이 아닌 것까지도 뉴턴의 것으로 만들기 시작하였다.

"공기가 무게를 가지고 있다는 사실의 발견이나 망원경을 사용하는 일 등이 모두 뉴턴 덕분이라고 생각하는 사람들이 있다. 여기에서 그는 다른 영웅들의 모든 행동을 쓸모 없게 만드는 신화 속의 헤라클레스이다.*

대부분의 사람들은 뉴턴 업적에 대하여 지적인 토론을 전개하거나 이해하기가 쉽지 않다. 하지만 사과 이야기는 사람들이 물리학을 쉽게 이해하고 관계를 맺을 수 있도록 해준다. 깊은 설명 없이도 모든 것이 이해되었다. 결국 사과 이야기는 영국 해협을 건너갔지만 모든 사람이 믿은 것은 아니다. 가우스(Carl F. Gauss)는 1700년대의 분위기에 대하여 다음과 같이 이야기하였다.

"멍청이! 바보같이 참견하기 좋아하는 남자가 뉴턴에게 중력 법칙을 어떻게 발견하였냐고 물었다. 그의 지적 수준은 참을성

없는 어린 아이처럼 보였기에, 뉴턴
은 사과가 떨어져 코를 쳤다고 대
답하였다. 그 남자는 충분히 만족해
서 기뻐하면서 돌아갔다.*

그리고 이 우화는 수학에 대한 대
중문화의 일부분으로 오늘날까지
계속되고 있다. 뉴턴과 사과는 분리할 수 없게
되었다.

뉴턴의 사과가 그려진 우표.

*Against the Gods, Peter
L. Bernstein. John Wiley &
Sons, Inc., New York.
1996. P.139.

수학사의 봉이 김선달

"그런데 당신은 이런 편지들을 어디에서 구했습니까? 정말 놀라운 내용이군요!"

미카엘 샤슬레는 브라인-데니스 루카스가 보여준 문서를 보며 흥분하여 이야기했다.

"광범위한 탐사를 위하여 많은 곳을 방문하고 여러 나라를 여행하다보니, 특별히 오래된 옛날 문서와 필사본에 관심을 가졌지요. 이것은 취미 활동이라기보다는 내 인생에서의 개인적 연구이었습니다. 그러나 어떤 것도 누군가에게 넘겨주기는

싫습니다." 루카스가 대답하였
다.

"루카스 씨, 나는 당신이 가지
고 있는 것 중에 특히 파스칼과
뉴턴에 관한 것에 관심이 있습
니다. 여기에는 커다란 의문이
있습니다. 그것을 알리는 것이
나의 의무입니다. 역사를 바르
게 정리할 수 있도록 도와주십
시오. 이 편지들은 중력이론에
관한 모든 영예와 신뢰를 뉴턴

파스칼(Blaise Pascal, 1623-1662).

혼자 독점하는 것은 잘못된 것임을 보여줍니다. 내가 후하게
돈을 내리다." 샤슬레는 거의 애원하였다.

루카스는 잠시 망설이다가 대답하였다. "당신이 그런 용도
로 사용한다면 도와드리는 것이 옳은 것 같습니다. 자기 만족
을 위하여 우리 집에 숨겨두고 나 혼자 소유하는 것보다는 역
사가나 박물관에 넘기는 것이 좋겠지요."

"예! 물론입니다. 언제 모두 가져올 수 있습니까? 그리고 걱
정 마세요. 잘 보관하고 있다가 적합한 사람에게 넘기겠습니

다, 물론 당신에게는 적절한 값을 지불하겠습니다. 아주 귀중한 문서이니까요. 언제 가져오시겠습니까?" 샤슬레가 급하게 물었다.

"내일, 내일 아침." 루카스가 대답하였다.

"이것들은 지극히 중요한 문서입니다. 이 편지에는 작성 연대가 나타나 있어요. 프랑스인들은 영국인에게 누가 더 빨랐는지를 보여줄 수 있게 되겠죠!"

샤슬레는 파스칼과 뉴턴 사이에 오고간 편지들을 보는 순간 너무 흥분하여 눈이 멀 지경이 되었다. 여기에는 놀랍게도 파스칼의 아이디어가 아이작 뉴턴의 연구에 커다란 영향을 미친 것으로 나타나 있었다.

알렉산드로스 대왕

"다른 문서도 있습니까?" 샤슬레가 물었다.

"예, 더 많이 있지요. 그러나 넘겨주기 전까지는 소중하게 보관하고 있겠습니다." 루카스가 말하였다.

"물론이지요, 필요할 때까

지는 보관하고 계시다가 마음의 준
비가 되는 대로 나에게 가져오는 것
을 잊지 마십시오. 내가 값을 지불하
리다." 샤슬레가 재확인해주었다.

"그런 것을 의심하지 않습니다.
전적으로 당신을 믿습니다." 루카스
가 대답하였다.

샤슬레(Michael Chasles, 1793-1880)

"파스칼과 갈릴레오 사이의 편지
라니, 정말 믿을 수 없는 걸!" 샤슬
레는 눈을 믿지 못하는 듯 말하였다.

"그보다 더 중요한 것도 있습니다. 이 상자 안을 보면 알렉산
드로스 대왕이 아리스토텔레스에게, 클레오파트라가 카이사르
에게, 막달라 마리아가 나사로에게 보낸 편지를 발견할 수 있지
요." 루카스가 종이로 가득한 커다란 상자를 들고 말하였다.

"내가 그것들을 모두 가져가서 정리해보겠소." 샤슬레는 루
카스에게서 상자를 받고 프랑으로 가득 찬 돈봉투를 그에게
건네주었다.

■▲●

샤슬레가 그때 고대 문서가 들어 있다는 상자를 열어보았다면 옛날 종이 위에 프랑스어로 쓰여진 종이들만 가득 들어 있음을 발견하였을 것이다.

어떻게 19세기의 저명한 수학자가 그러한 사기꾼에게 속을 수가 있었을까?

미카엘 샤슬레는 1800년대의 저명한 프랑스 수학자로서 기하 분야에서 특별한 업적이 많으며 여러 유명한 논문을 출간하였다. 게다가 그는 1841년에 에꼴 폴리테크니크 수학과 교수로 재직하였으며, 1846년에는 소르본 대학의 기하학회 회장으로 추대되었다. 1865년에는 런던 왕립협회의 코플리(Copley) 메달을 받기도 하였다. 그의 평판은 흠잡을 곳이 없었다. 이때 뛰어난 사기꾼 브라인-데니스 루카스(Vrain-Denis Lucas)가 접근해온 것이다. 외관상으로는 샤슬레의 아킬레스건(수학사와 관련된 그의 애국심과 열정)을 실현시켜주는 것이었다.

루카스는 여러 가지 역사적 사실들의 날짜를 연구한 후에 역사적으로 흥미 있을 사건들에 관한 편지를 위조하기 시작하였다. 그는 자신이 구한 여러 문서들을 보고 아주 정성을 다하여 진본처럼 보이도록 편지를 썼다. 그렇게 만든 편지는 몇 장

정도가 아니라 수천 장에 이르렀다. 그는 1861년부터 1870년까지 아주 공을 들여 오랫동안 이 편지를 만든 것이다. 그것은 수지맞는 장사였다. 2만 7천 장에 이르는 이 편지에 샤슬레는 14만 프랑을 지급하였던 것이다.

샤슬레는 파스칼과 뉴턴 사이에서 쓰여진 것으로 믿었던 편지를 과학 아카데미에 제출하였다. 그는 뉴턴이 중력법칙의 원조가 아니라는 사실을 증명하기를 원했던 것이다. 이때 과학 아카데미가 문서보관소에 가지고 있던 파스칼의 필체와 샤슬레가 제시한 문서의 필체가 일치하지 않음이 발견되었다.

샤슬레가 구입한 문서—알릭산드로스 대왕, 플라톤, 클레오파트라, 막달라 마리아와 같은 유명인 들의 편지—에 대하여 시간을 갖고 주의 깊게 살펴보았다면 분명히 그것들이 모두 프랑스어로, 더구나 모두 종이 위에 씌어 있다는 사실에 의문을 품었을 것이다.

비록 루카스는 감옥에 보내졌지만, 샤슬레는 아주 황당한 이 사건으로 고통을 받았으며, 일시적이나마 동료들 사이에서 체면과 신망을 잃었다. 특별히 논리로 훈련된 사람이 이런 일을 당하다니!

살해당한 최초의 여성 수학자

시네시우스 *

디오판투스 문제에 대한 자네의 연구 결과를 주의 깊게 살펴보았네. 매우 뛰어나더군. 동봉한 자네의 결과 중에 밑줄을 그어놓은 두 번째 부분에 새로운 접근법을 제시하였네. 자네의 능력으로 확인할 수 있을 걸세.

그리고 몸조심하라는 자네의 관심은 정말로 고맙네. 나도 키릴로스 **가 광신자라는 사실을

＊히파티아의 학생이었으며, 후에 이집트 프톨레 마이오스 왕가의 부유하고 힘있는 주교가 되었다.

＊＊콘스탄티노플의 대주교.

알고 있지만 내가 수학자이고 박물관에서 교사로서 활동하는 것, 또는 내가 기독교인이 아니라는 이유로 나를 해칠 것이라고는 상상하기는 어렵네. 오레스테스*도 나보고 떠나라고 이야기하면서, 키릴로스가 알렉산드리아에서 유대인을 추방하는 일에 성공하면, 그의 분노가 신플라톤주의자와 이교도에게 집중될 것이라고 했네. 나는 이런 불의에 대하여 침묵할 수도, 떠날 수도 없네. 그것은 나의 믿음에 반하는 것이니까. 나는 나의 생활과 일을 중단할 수 없네. 나의 믿음을 바꾸거나 감출 생각도 없네. 비록 내 목숨이 위험하더라도 스스로 선택한 방식대로 사는 것이 옳지 않겠나?

조심하겠다고 약속하겠네.

히파티아

*히파티아의 학생이었다가 그녀가 죽을 때에는 친구가 되었으며, 후에는 알렉산드리아의 로마제독이 되었다.

히파티아

제발 저를 믿으세요. 선생님은 키릴로스 손 안에 있습니다. 그는 무지하고 성급한 사람입니다. 수학은 악이며, 교사로서 선생님의 영향력이 많은 사람에게 해를 끼친다고 생각합니다.

선생님의 기독교에 대한 배척이 그와 그의 동료들을 궁지에
몬 것입니다. 그의 새로운 지위, 새로운 힘은 더욱 위험한 것
입니다. 오레스테스의 경고에 귀를 기울이십시오. 그는 선생
님을 보호해줄 수 없을 것입니다. 제발 부탁입니다.

안전에 주의하십시오.

키레네의 시네시우스

서기 415년 따뜻한 3월의 봄날.

학생들과 철학 토론을 한 후에 히파티아는 알렉산드리아 중
심가에서 집 쪽으로 마차를 몰기 시작하였다. 그러다가 케사
리움 교회 앞에 한 떼의 군중이 모여 있음을 발견하고, 피하는
것이 좋을 것이라고 생각하였다. 그러나 그녀가 마차를 미처
돌리기 전에 두 남자가 그녀를 끌어내렸다.

"나를 풀어줘요." 그녀가 요구하였다. 기독교인들은 몹시
화가 난 상태였다. 그들은 히파티아에게 화풀이를 하기 시작
하였다.

선동자가 고함을 쳤다. "이 여자가 키릴로스
에 대항하도록 오레스테스를 충동질했다. 이교
도를 죽여라."*

*당시 반로마 시위가 일어났
고, 군중들은 이교도 철학, 과
학의 교습, 로마 지지자들에
대하여 적대감을 나타내었다.
군중들은 히파티아를 그 대표
로 생각하였고, 그녀를 희생
양으로 삼은 것으로 보인다.

　　그들은 히파티아를 교회로 밀어넣었다. 그녀의 옷을 찢은 후에, 날카로운 조개껍질로 살점을 도려내는 잔인한 방법으로 그녀를 죽였다. 그 다음에 그녀의 몸통을 잘라서 불에 태우기 위하여 시나론으로 가져갔다.

　　수레바퀴가 완전히 한 바퀴를 돈 것이다. 박해받던 자들이 박해하는 자가 된 것이다.

■▲●

　　히파티아의 소름끼치는 죽음은 5세기 기독교인 역사학자 소크라테스 스콜라스티쿠스(Socrates Scholasticus)에 의하여 기록되었다. 비극적 죽음 때문에 히파티아가 유명해졌다고 보기는 어렵다.

　　히파티아는 역사 속에서 널리 인정된 첫 번째 여성 수학자이자 철학자다. 그녀는 로마인과 호전적인 기독교인들 사이의 투쟁이 전개되던 시대에 알렉산드리아에서 태어났다. 아버지 테온(Theon)은 알렉산드리아 박물관—알렉산드리아 도서관에 속해 있으며 대학으로 알려진 곳—에서 강의를 하던 뛰어난 수학자이자 천문학자였다. 그는 유클리드의 《원론》과 디오판

수레에 타고 있는 히파티아

토스의 《산술(Arithmetica)》에 관한 업적으로 유명해졌다.

딸의 재능을 알아본 그는 비록 당시의 시대적 흐름이 여성 교육에 부정적이긴 하였지만 직접 교육을 맡기로 하였다. 그녀의 지성과 아름다움에 관해 쓴 글들이 많이 있다. 아버지를 따라 그녀 역시 박물관에서 수학과 철학을 가르쳤다. 사실상 그들은 유클리드와 디오판토스의 여러 책을 공동으로 연구하였다. 그녀는 스스로를 신플라톤주의자, 이교도, 피타고라스 학파의 추종자라고 생각하였다.*

대학에서 그녀는 많은 논문과 학생들을 위한 많은 책을 저술하는 업적을 남겼다. 그녀는 유클리드 기하와 디오판토스를 연구하였고, 아폴로니우스의 원뿔곡선에 대한 대중적인 논문도 저술하였다. 게다가 전통적인 디오판토스의 방정식을 풀기 위한 문제와 풀이법을 개발하여 학생들에게 제시하였다. 그녀의 강의는 열정적이었으며 수학을 매우 다중적으로 가르쳤다. 역학과 응용과학에 흥미가 있던 그녀는 천체관측기구, 습도계, 수위 측정기, 증류기와 같은 다양한 도구들을 발명하였다. 비록 현존하는 작품은 없지만, 그녀에 대한 기록은 아버지와 함께 지은 책과 연구 결과, 학생들의 편지 등에 보존되어 있다.

지식인이자 철학자로서의 그녀는 정치, 종교, 과학 등의 토론에 참가하였다. 학생 중 헤시치우스(Hesychius)는 다음과 같이 기록하고 있다.

히파티아(Hypatia, 기원전 370-415)

*그녀는 피타고라스보다 700년 후에 살았다.

철학자의 외투를 입고, 도시의 안개 속을 걸으며 그녀는 플라톤, 아
리스토텔레스, 또는 사람들이 듣기를 원하는 다른 철학자들의 저술
에 관하여 대중들에게 설명하였다. …… 행정관들은 도시의 행정업
무에 관하여 그녀에게 상담하기를 원하였다. *

* McCabe, Joseph, *Hypatia, Critic*, 43, 1903. P.269.

정치와 종교의 시대적인 불안이 그녀의 죽음의 원인이 된 것
은 확실하다. 그녀의 죽음을 로마에 알린 후에, 오레스테스는
조사를 요구하였다. 조사는 증거와 증인 부족이라는 이유로 시
행되지 않았다. 오레스테스는 모든 직을 사임하고 알렉산드리
아를 떠났다. 살인자들로 추측되는 사람들은 키릴로스 교회의
파라볼란(Parabolan) 수도사와 니트리안(Nitrian) 수도사들이다.
키릴로스가 그녀의 살해를 지시하였을까? 그것은 모른다.

히파티아는 전설이 되었다. 그녀의 죽음은 탐구와 사상의
표현에 관한 자유에 아주 부정적인 영향을 미친 것이다. 비록
415년 이래로 거대한 진보가 이루어졌다 하더라도, 그녀의 죽
음에 대한 편협된 생각과 무지는 그대로 남아 있다.

신경쇠약에 걸린 칸토어

"당신도 알다시피 칸토어는 너무 앞서 갑니다. 그의 터무니없는 생각은 그를 더욱 쇠약하게 만들고 있습니다." 크로네커가 바이어슈트라스에게 쓴웃음을 지으며 설명하였다.

"나는 당신 생각과 다릅니다." 바이어슈트라스가 가로막았다. "칸토어는 매우 열정적인 사람입니다. 천재지요. 그의 연구가 그를 신경쇠약으로 몰고가는 것이 아닙니다. 그것은 당신도 알지 않습니까?"

"터무니없어요." 크로네커가 반박하였다. "나는 그의 연구

칸토어(Georg Cantor, 1845-1918)

를 수학이라 부르지 않습니다."

"내가 말하는 것이 바로 그것입니다. 터무니없는 것이 그의 정신적 문제의 핵심이지요." 바이어슈트라스가 부연하였다.

"수학에서 나타난 그의 터무니없는 생각을 봅시다. 무한을 다루면서부터는 모든 것이 변칙이 되지요. 그런 모순은 무시하는 것이 최선이지요. 어떻게 수학자가 이런 괴물들과 무한수를 수학이라고 생각할 수 있겠습니까?"

"제 생각은 다릅니다. 마음을 열어보세요. 이런 아이디어들은 오랫동안 개발된 것입니다. 수학은 이런 과정으로 꽃을 피우는 것이지요. 순수한 동기를 무시하거나 짓밟지 않아야 합니다." 바이어슈트라스가 힘주어 말하였다.

두 수학자는 과거에도 많이 했던 논쟁을 계속하였다. 크로네커는 간접증명의 유용성과 프랙털(fractal)의 존재와 필요성, 초한수와 초월수 등은 인지하지 못하고 고전적인 접근 방법에 의한 수학만을 주장하였다. 그러나 바이어슈트라스는 새롭게 나타난 수학자의 연구를 기꺼이 지지해주었다.

■▲●

　19세기에는 상식에서 벗어나는 수학적 아이디어—무한집합, 초한수, 비유클리드 기하학, 프랙털과 같은 아이디어—가 많이 나타난 시기이다. 무한의 탐구로 전통 수학자들의 자존심이 흔들리기 시작하였다. 결국 무한의 도입이나 무한을 주제로 한 논문은 많은 반대에 부딪혔다. 무한과 관련된 역설이나 문제점을 알아차린 그들은 무한집합을 다루는 수학을 무시하는 것에 만족하였다.*

*클라인, 푸앵카레, 바일, 보이스-레이몬드, 크로네커 등이 초한수가 포함된 수학을 반대한 사람들이다.

　뛰어난 천재이며, 창조적이고 혁신적인 19세기 수학자 칸토어는 1884년, 40세에 처음으로 신경쇠약 증세를 나타내었다. 역사적인 정황으로 볼 때 크로네커는 칸토어의 논문이나 수학적 능력에 대하여 매우 교활하고 계산적인 공격을 펼쳤다.

　크로네커는 성공한 사업가이며 존경받는 수학자였다. 그는 베를린 대학에서 자원봉사로 강의를 하였으며, 그의 스승인

바이어슈트라스(Karl Weierstrass, 1815-1897)

크로네커(Leopald Kronecker,
1823-1891)

쿠머(Ernst Kummer)가 은퇴한 1883년에는 이 대학의 교수가 되었다. 칸토어는 다양하고 우수한 유럽의 여러 대학 수학과에서 공부하였으며, 1867년에 크로네커의 학생으로서 베를린 대학에서 박사 학위를 취득하였다. 크로네커는 대학 교수의 채용이나 저널에 게재되는 논문의 내용 선택에 실질적인 영향력이 있었다. 그는 자신의 지위를 칸토어의 수학을 공격하고 다른 보수적인 수학자들을 결집시키는 데 사용하였다. 크로네커는 칸토어의 명성을 깎아내리면서 그를 화나게 만들 수 있는 방법을 정확히 알고 있었던 것 같다.

그의 공격은 칸토어의 경력에 심각한 영향을 미쳤다. 칸토어는 베를린 대학에서 자리를 구할 수 없었기 때문에 잘 알려지지 않은 할레 대학에서 자리를 구하였다. 이러한 불만족스러운 기간 동안에 칸토어는 자신의 연구를 세상에 알리기를 원하였다. 그는 자신의 연구를 확신하였다.

나의 이론은 바위처럼 단단하게 서 있다. 내 논리를 공격하는 모든 화살은 결국 화살을 쏜 사람에게 되돌아갈 것이다. 내가 이것을 어떻게 알 수 있었을까? 나는 그것을 수년간 모든 방면에서 연구해왔고, 무한대에 관한 모든 반론들을 검토했으며, 무엇보다도 그것의 근원을 따라갔기 때문이다. 다시 말해서, 오류라는 것 자체가 불가능한 '모든 피조물의 근원'으로 파고들었기 때문이다.*

*Pi in the Sky, John D. Barrow, Calrendon Press, Oxford, 1992, P. 198. (《수학, 천상의 학문》, 281쪽)

크로네커는 공개된 토론에는 참가하지 않으면서도 칸토어의 논문이 그가 편집하는 논문집에 실리지 않도록 하였다. 칸토어는 이런 이유들로 인하여 점점 편집증적인 증상을 보이기 시작했다. 심지어 크로네커는 이전에 몇 개의 칸토어 논문을 실었던 수학잡지 《악타 마테마티카(Acta Mathematica)》에 현대 집합론과 함수론이 무의미함을 보여줄 수 있는 논문을 제출할 것이라는 글을 보내기도 하였다. 이런 사실을 알게 된 칸토어는 수학지의 편집자 사이에 어떤 음모가 존재한다고 느꼈고, 《악타 마테마티카》에는 더 이상의 논문을 제출하지 않았으며, 결국 크로네커의 계획대로 모든 것이 진행되었다.*

*아마 크로네커는 어떤 논문도 제출할 의도가 없었던 것 같다.

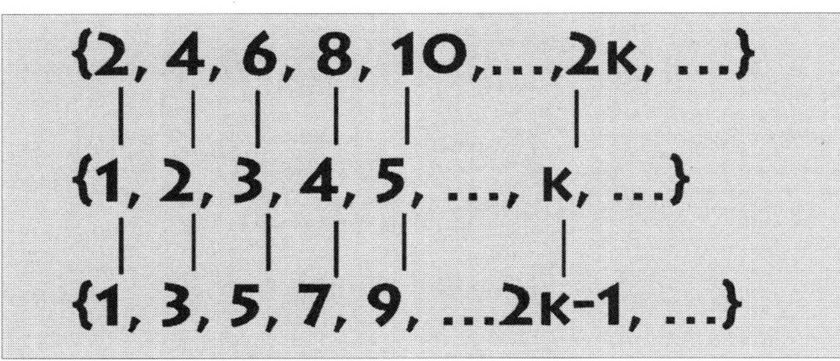

가산집합의 원소를 대응시키는 기발한 방법으로 칸토어는 짝수와 홀수의 원소의 개수가 모든 가산집합의 원소의 개수와 같음을 보였다. 위의 세 무한집합의 원소의 개수는 모두 같으며, 그는 이 수를 알레프널($\aleph_0$)이라고 불렀다.

보수적인 수학자들이 그렇게 비난했던 칸토어의 발견(창작품)은 정확히 어떤 것인가? 그는 이때까지는 알려지지 않은 초한수를 기술하고 정의하였다. 무한을 연구하던 많은 수학자들, 예를 들어 제논, 아리스토텔레스, 갈릴레오, 라이프니츠, 특히 볼차노(Bernhard Bolzano 1781-1848)와 데데킨트(J.W.R. Dedekind 1831-1916) 등의 아이디어로부터 칸토어는 무한집합*을 취급하는 산술을 만들어낸 것이다. 무한집합에 관한 그의 이론은 정수의 집합, 가산집합, 짝수집합, 홀수집합, 유리수 집합의 원소의 개수(농도)가 모두 같다는 사실을 보여주었

*그가 지적했듯이, "무한수들이 유한수에 반해 상당히 새로운 형태의 수로 형성되지만, 소위 말하는 무한수들의 불가능성의 증명들은 유한수들의 모든 성질에 기인해서 시작하고, 이 새로운 종류의 수의 성질은 물체들의 성질에 의존하고 관찰의 대상이지만, 우리의 임의성이나 편견의 대상은 아니다." *Contributions to the Founding of the Theory of Transfinite Numbers*, Georg Cantor, Translator and editor, Philip E. B. Jourdain. Dover Publications, Inc., New York, 1955.

다. 우리는 이러한 초한수를 알레프널(aleph null, $\aleph_0$)이라고 부른다. 더 나아가 그는 '모든 무한집합의 원소의 개수가 같지는 않다.* —이런 집합 중에는 농도가 서로 다른 무한집합이 존재한다.'는 사실을 보여주었다. 그의 연구는 많은 전통 수학자들이 의심스럽고 가치 없다고 여기던 간접증명법을 빈번하게 사용하여 이루어졌다.

전통수학자들은 무한급수나 실수와 같은 것은 자유롭게 이용하면서도 무한집합을 다루거나 받아들이는 일은 거부하였다. 칸토어는 자신의 결과가 매우 큰 논쟁거리가 될 수 있음을 알았으나, 다행히 조롱에도 흔들리지 않고 버티어낼 자신이 있었다.**

무한은 수세기 동안 수학자들을 좌절시켰다.

갈릴레오는 무한집합을 연구하다가 정수 집합과 짝수 집합의 크기를 비교하기가 어려워졌다. 마침내 "…… 무한과 비분할성은 본질적으로 우리들에게는 매우 이해하기 어려운 것이다."라는 결론을 내렸다.***

*1831년 6월 12일자의 가우스의 편지에 수록되어 있다. *Mathematical Thought from Ancient to Modern Times*, vol. 3, by Moris Kline, Oxford University Press, Oxford, 1972.

또한 가우스는 "……무한한 크기를 사용하는 것에 반대하며……. 그것은 수학에서는 결코 허용될 수 없는 것이다."*라고 주장하였다. 가우스는 무한은 비의 극한에만 응용될 수 있는

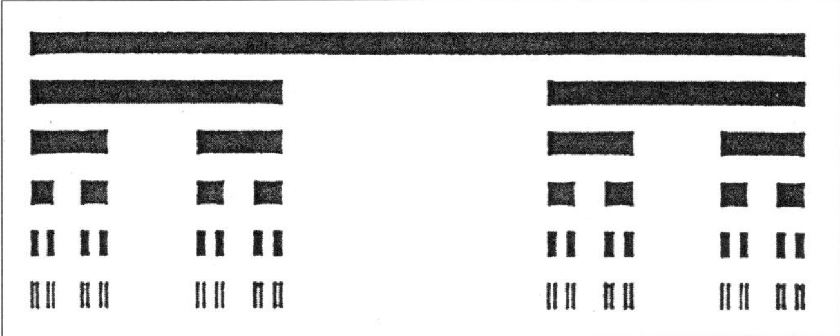

1883년 칸토어는 칸토어 집합의 첫 단계를 만들었다. 많은 수학자들은 그런 작업을 비웃었으며 그 결과를 수학적 괴물이라고 말하였다. 오늘날은 프랙털이라 부르며 프랙털 기하의 연구에 속한다.

$\aleph_0$ 다음 각 집합의 원소 개수

$\{1, 2, 3, 4, 5, \cdots\} \{\cdots, -3, -2, -1, 0, 1, 2, 3, \cdots\} \{유리수\}$

$\aleph_1$ 다음 각 집합의 원소의 개수

$\{선 위의 점\} \{구 내부의 점\} \{정육면체 내부의 점\}$

$\aleph_2$ 다음 각 집합의 원소의 개수

$\{모든 곡선\}$

$\aleph_3, \aleph_4, \aleph_5, \cdots, \aleph_n, \cdots$

칸토어의 초한수와 그 의미

것이라고 느꼈다.

크로네커는 "신은 정수를 만들었고, 나머지는 인간이 만들었다"라고 주장하였다.

1885년에 소냐 코발레프스키(Sonya Kowalewski)에게 보낸 한 편지에서 바이어슈트라스는 다음과 같이 쓰고 있다.

크로네커는 이렇게 주장하고 있습니다. "시간과 체력이 허락된다면 나는 그것을 더욱 강렬한 방식으로 보여줄 것이다. 내가 못한다면 나의 후배들이 할 것이다. 그들은 소위 '분석으로 얻어진 모든 결론들'이 오류로 점철되어 있음을 곧 알게 될 것이다." 나는 그의 뛰어난 능력과 업적을 높게 평가하고는 있지만, 오류를 인정하라고 강요하는 것은 당사자들에게 정말 치욕적인 일이 아닐 수 없습니다. 게다가 그는 젊은 학생들에게 지금의 스승을 부정하고 자신을 중심으로 하는 새로운 학파에 들어온 것을 종용하고 있습니다. 크로네커는 분명 뛰어난 학자이지만, 그의 교만함과 독설로 인해 다른 사람이 피해를 입는 것은 참으로 안타까운 일입니다. *

*Pi in the Sky, P.200(《수학, 천상의 학문》, P.283)

칸토어에 대한 앙갚음 같은 크로네커의 행위는 10년 동안

이어졌다. 1891년 크로네커의 죽음 뒤에도, 칸토어의 수학에 대한 그의 공격은 많은 수학자들에게 의심을 갖게 만들었다. 비평과 비난은 칸토어로 하여금 30년 동안 신경쇠약에 시달리도록 만들었다. 다행인 것은 발작 기간 사이에도 그가 천재적인 연구를 계속할 수 있었다는 점이다. 그는 1918년 할레에서 발작이 일어나 사망하였다. 죽기 전까지도 그는 일단의 수학자들과 1897년 취리히에서 열린 수학자 모임에서도 인정받지 못하였다.

칸토어의 초한수에 대한 아름다운 찬사는 힐베르트(David Hilbert)가 하였다.

수학적 사고의 가장 놀라운 산물이며, 순수한 지적 영역에서 인간이 할 수 있는 가장 아름다운 행위가 실현되었다……. 아무도 칸토어가 우리를 위하여 창조한 낙원에서 우리를 몰아낼 수 없을 것이다. *

미친 척했던 수학자

"**나일 강**의 홍수는 매년 반복되는데, 비록 약간의 진전은 있었다고 하나 물을 완전히 통제할 수 없는 것이 사실 아닌가요?" 알하젠은 파티에서 사람들에게 물었다.

"알하젠, 당신이 말하는 것은 전혀 새로운 사실이 아니오." 기품 있는 한 남자가 대답하였다.

"나는 지금 당신들이 들어본 적도 없고, 꿈꾸어본 적도 없는 이야기를 하려는 것입니다."

"연극적인 대사는 그만하고 당신이 발견한 것을 말해보시오.” 주인이 요청하였다.

“나는 기계를 만들 수 있어요. ……. 나일강의 범람을 통제할 수 있는 기계지요.” 알하젠이 목소리를 높였다.

“터무니없군!” 주인이 외쳤다.

“너무 과장하는 것 아닌가요?” 기품 있는 그 남자가 말하였다.

“사실입니다.” 알하젠이 주장하였다. “내가 할 수 있다고 약속하리다.”

이때까지도 알하젠은 그의 무식한 주장이 자신을 집에 가두게 되리라는 것을 알지 못하였다. 그는 자유를 다시 얻기 위하여 몇 년 동안 막대한 대가를 지불하여야 하는 중대한 실수를 저지른 것이다.

■ ▲ ●

알하젠(Alhazen, 965-1039)*은 광학 분야에서의 업적으로 오늘날 널리 알려져 있다. 그는 생애의 초반기를 불행하게도 집에 연금되어 보내야만 했다. 이라크의 도시 바스라에서 태어난 그는 갑자기 이집트의 카이로로 이사하였다. 카이로로 이사간 첫 해에 아

*서양에는 알하젠으로 알려졌지만, 본명은 아부알리 알하산 이븐-알-하이삼(Abu’ Ali Alhasan, ibn-al-Haytham)이다.

주 큰 나일 강의 범람을 목격하였고, 이를 계기로 강의 힘을 통제할 수 있는 수력 체계를 고안하려 했다는 이야기가 전해 온다. 그는 나일 강의 근원이나 지형학에 대한 연구도 없이 기이한 주장을 하게 된 것이다.

당시는 파티미드 왕가의 칼리프(왕) 알-하킴(al-Hakim)이 이집트를 지배하고 있었다. 그는 현자들과 과학자들의 연구 결과를 모아 카이로에 커다란 도서관을 세우려고 계획하였다. 그러나 그는 자신을 이용하거나 바보로 만드는 사람은 좋아하지 않았으며, 범죄자들을 죽이는 일에 망설임이 없었다. 알하젠의 주장을 듣고, 칼리프는 나일 강을 길들여서 자신의 통치 아래에 둘 수 있다는 사실에 뛸 듯이 기뻐하였던 것 같다. 칼리프는 즉시 알하젠에게 나일 강의 근원을 찾아 높은 지역으로 원정 탐험을 떠나라고 명령하였고, 그는 곧 바로 출발하였다.

알하젠은 여행이 계속될수록 시행 불가능한 계획이라는 사실을 깨닫기 시작하였다. 그는 카이로에 돌아와서 자신의 큰 실수를 인정하였다. 칼리프는 즉시 그를 직위 해제하였다. 이때부터 알하젠은, 칼리프가 우롱당했다고 생각하지 않을까 하는 공포에 사로잡혀 자신의 목숨을 걱정하게 되었다. 알하젠은 안전을 보장하는 한 방법으로 정신이상인 체하는 것이 좋

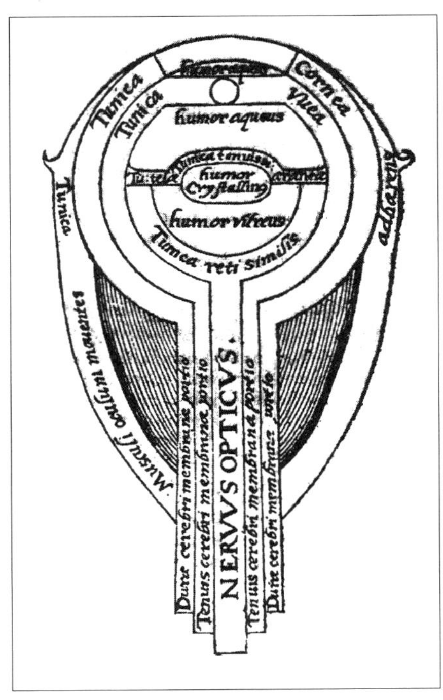

알하젠이 지은 《광학의 보고》의 16세기 라틴어판에 있는 삽화

겠다고 느꼈다. 그 당시에 정신병은 특별한 보호가 제공되었다. 그는 미친 것처럼 행동하여 집에 연금되었다. 1021년 하킴이 죽을 때까지 알하젠은 정신이상인 척하면서 지냈다.

더 이상 정신이상을 가장할 필요가 없어졌을 때, 알하젠은 광학에서 여러 가지 놀라운 발견을 하였다. 그는 빛이 눈으로부터 발산된다는 그리스 시대의 발상을 거부하고, 고대의 아이디어, 특히 프톨레마이오스 시대의 아이디어를 재해석하고 확장하였다. 그는 빛을 광선으로 서술하고 매끄러운 표면에서의 반사 경로를 수학적으로 표현하였다. 심지어 시신경과 두뇌와의 연결에 대하여 기술하기도 하였다.

눈을 연구함으로써 빛이 눈에 들어오는 방법을 이해하였고,

렌즈 효과에 관한 업적을 남길 수 있었다. 그는 렌즈 표면의 곡률이 확대의 비율을 결정함을 알았다. 포물면경을 구상하였고, 핀홀 카메라*를 만들었다. 별빛을 관찰함으로써 대기의 깊이를 계산할 수도 있었다. 《광학의 보고(The Treasury of Optics)》는 그의 가장 중요한 논문으로 여겨진다. 이것은 16세기에 라틴어로 번역되었으며, 케플러나 데카르트 같은 과학자에게 중요한 참고자료가 되었다.

앨런 튜링의 동성애

앨런의 마음에 가득 찬 생각.

'나는 감옥에 갈 수 없다. 그것은 나의 일을 포기하는 것을 의미한다. 육체적으로 1년을 갇혀 지내면서도 일을 계속할 수 있을까? 계획대로 일을 추진할 수 있을까? 이것은 정신적인 감옥이다. 나는 동성애에 대한 '과학적' 치료에 순응하면서 멸시받는 것보다 나의 마음에 족쇄를 채운 것을 더 혐오한다.'

튜링은 1년 동안 마음보다는 육체를 희생시키기로 결정하였다. 1952년 4월에 그의 선택과 당시의 상황에 대하여 필립 홀

(Philip Hall)에게 다음과 같은 글을 보냈다.

> …… 나는 일 년 동안 속박된 상태에서 장기요법의 치료를 받아야 합니다. 그 동안 성적 욕구는 감소될 것이며, 치료가 끝나면 정상적으로 회복될 것으로 생각합니다. 추측이 옳기를 바랍니다. 정신과 의사들은 다른 치료법의 시도는 의미가 없다고 여기는 것 같습니다.…… *

앨런 튜링은 실험용 돼지가 되어 그의 동성애적 성향을 변화시키려는 실험에 참가하기로 하였다. 동성애에 대한 약물 치료는 실험적인 것이었다. 치료 결과로 튜링은 발기불능과 가슴이 커지는 길이 일어났다. 게다가 약물에 의한 정신적이고 감정적인 변화가 있었다. 그 당시에 과학자들은 부수적인 결과들은 원상 회복될 것이라고 믿었으나 확신하지는 못하였다. 의학 권위지에 다음과 같은 글이 있다.

에스트로겐(여성 호르몬의 일증)이 중앙

앨런 튜링(Alan Turing, 1912–1954)

신경체계에 직접적인 영향을 미칠 가능성은 있다.…… 쥐의 실험에서…… 성 호르몬에 의한 영향이 있음을 알 수 있다. 또한 에스트로겐은 설치류 동물에게는 대뇌 활동을 진정시키는 역할을 할 수도 있다. 비슷한 영향이 인간에게도 있으리라는 증거는 아직 없다. 의학적인 치료가 손상을 가져올 수도 있으므로 어떤 결론에 도달하기 전에 좀더 많은 연구가 필요하다.**

**Alan Turing — the Enigma*, Andrew Hodges. Simon & Schuster, NY. 1983, P.474.

튜링은 '치료'를 받았고 살아남았다. 그러나 그 대가는 무엇이었을까?

■▲●

수학자이면서, 컴퓨터 이론가이고 제2차 세계대전의 알려지지 않은 영웅인 앨런 튜링이 집에 침입한 강도를 조사해 달라고 요즈음 경찰에 전화를 한다면, 그의 동성애 경력은 경찰 행동에 아무런 영향을 주지 않을 것이다. 그러나 1952년의 사회 분위기는 그를 희생자가 아닌 피고인으로 만들어버렸다. 1885년 범죄에 대한 수정법안은 남자의 동성애 행위를 '완전한 외설'로 정의하여 1885년 수정법안의 11조에 포함시켰다.

튜링은 도난당한 물품에 관하여 말하려고 경찰에게 전화를 하였다. 뒤 이은 조사 후에, 형사는 튜링이 동성애자라는 사실을 짐작하였다. 경찰 조사는 강도에서 성행위에 대한 것으로 바뀌면서 튜링을 괴롭혔다. 더 이상 도둑은 경찰 조사의 대상이 아니었다.

제2차 세계대전에서 튜링은 난공불락으로 여겨지던 독일 '에니그마'—독일군의 비밀 지령을 암호화하거나 해독하는 기계—를 무력화할 수 있는 기계를 고안해내는 일을 하였다. 그 결과 전쟁을 빨리 끝내는 데 커다란 공헌을 하였고, 그 공로로 대영제국훈장을 받았다.

1945년 튜링은 계산기, 유니버설 튜링 머신(Universal Turing Machine)이라 불리는 기계를 고안하였다.* 그때까지는 '컴퓨터'라는 용어는 계산을 하는 사람을 일컫는 말이었다. 제2차 세계대전 후에 그는 전자계산 분야를 개척하였다. 1954년, 지금은 디지털 컴퓨터로 불리는 튜링 머신을 전자적 형태로 실현시킬 수 있다는 내용의 논문을 썼다.

튜링은 늘 환경에 잘 적응하지 못하였다. 그

*1955년에 맥스 뉴만은 다음과 같이 지적하였다. "오늘날 새 기계의 개발이 얼마나 대담한지를 인식하는 것은 어렵다. 그것은 종이와 양식을 수학의 기초의 논의 속으로 끌어들이는 것에 대한 이야기를 시작하는 것이다." *A Computer Perspective*, Charles and Ray Eames, Massachusetts, 1990. P.125.

가 하는 일을 이해할 수 있는 사람도 드물었다. 그가 하고 있는 일의 속성상 토론도 잘 이루어지지 않았다. 그는 일에만 온 힘을 다하였으므로 생활은 좀처럼 동료들의 관심을 끌지 못하였다. 케임브리지와 맨체스터 대학에서 튜링은 임용되지 못하였다. 그는 세상 물정을 잘 몰랐으며 동성애에 대하여 변명하지도 않았다.

냉전과 매카시즘이 휩쓸던 때, 미국과 해외에서는 모든 정부조직에 공산주의의 침투에 대한 공포와 과대망상증이 절정에 이르고 있었다. 제2차 세계대전 동안에 암호해독과 컴퓨터에 관한 연구를 지원하고 권장해주던 정부가 이제는 그의 지식에 대한 두려움을 갖게 된 것이다. 그의 동성애 때문에 비밀 취급에는 취약점이 있다고 느낀 정부는 극단적인 방법으로 지원을 취소해버렸다.

유명한 케임브리지 대학의 수학자이며 교수였던 맥스 뉴만(Max Newman)은 재판에서 튜링을 위한 증언을 해주었다. 그를 "특별히 정직하고 믿을 만한 사람이다. 그는 완전히 일에 몰두하는 사람이며, 현재 우리 중에서 가장 깊이 있고 원론적인 수학자 중의 한 사람이다."*라고 하였다. 그가 자주 자기 집으로

* Alan Turing—the Enigma, Andrew Hodges. Simon & Schuster, NY. 1983, P.472.

초대하였는가라는 질문에, 뉴만은 앨런이 자주 집으로 초대하였으며 그와 그의 아내는 앨런과 개인적인 친분을 맺고 있다고 답하였다.

1954년 42세의 나이로 튜링은 죽었다. 그의 죽음은 동료나 친구, 가족들에게 충격이었다. 그가 자살을 결행할 만한 위기에 있었다는 징후는 없다. 그가 불운한 재판으로 고통을 당하였다는 점을 고려하더라도 그것이 2년 전 일임을 생각하면 이유로는 불충분하였다. 그리고 약물 치료도 1년 전에 끝난 상태였다. 그는 가정부의 침대에서 단정히 누운 상태로 발견되었다. 사인은 청산염 중독이었다. 그의 침대 곁에는 베어먹은 사과가 있었으며, 청산염 용액이 들어 있는 병이 집에서 발견되었다. 그러나 어떤 유언도, 어떤 설명도 발견되지 않았다. 사과를 검사하지도 않고 자살로 판정이 났다. 약물 치료가 감정 조절 능력을 앗아간 것일까? 그가 살해되었을 가능성은 전혀 없었을까? 정보 조직에서 그의 죽음을 원했던 것은 아닌가?

고집 세고 독선적인 푸리에

"**창문** 열지 마 !" 푸리에는 친구가 방 안으로 들어오자 소리쳤다.

"물이 끓고 있잖아, 장. 나는 숨쉬기도 힘든데 자네는 어떻게 견디나? 거기다 밖이 이렇게 따뜻한데 그렇게 많은 옷들은 왜 모두 입고 있지? 제기랄! 난로에 불까지 피워놓았잖아. 무슨 일이야?" 하고 친구가 거의 아연실색해서 물었다.

"자네도 알다시피 나는 열의 성질에 관해 광범위하게 연구했고, 열은 놀랄 만한 치유 능력이 있음을 확신한다네. 온기는 사람의 피곤한 뼈를 진정시키지. 나는 방금 나의 이론을 한 단계 더 발전시켰네." 하고 푸리에가 대답했다.

"그러나 장, 이것은 건강에 좋지 않아. 자네 심장은 이 열을 견딜 수 없어."

■▲●

푸리에는 이 이상한 버릇을 어떻게 갖게 되었을까?

장 밥티스트 푸리에는 프랑스 혁명 중에는 군인, 나폴레옹 시절에는 에콜 플리테크니크의 조교수, 열의 성질을 설명하는 수학자·과학자 등 많은 직함을 가졌다. 그의 명성은 우연히 생긴 몇 가지의 실수에 의해 유도된 수학적 아이디어 때문이었다. 그리고 수학자

장 밥티스트 요셉 푸리에(Jean Baptist Fourier, 1768~1830)

들이 이 아이디어를 제대로 증명하고 정리를 만드는 데 150년이나 걸렸다. 이 '실수'에도 불구하고, 결점이 있긴 해도 그 이유를 명시했고 연구가 정확할 뿐만 아니라 결론이 일반적이었으므로 프랑스 과학원은 1812년에 푸리에에게 학술대상을 수여했다. 이 이론은 다른 유명하고 매우 능력 있는 수학자들도

어려워했다.＊

푸리에는 열 이론의 배경이 되는 수학 이론을 기술하다가 임의의 함수 또는 그래프는 삼각함수의 연속물에 의해 묘사될 수 있음을 결론지었다. 오늘날, 미적분학을 공부하는 학생과 수학자들은 푸리에 급수와 푸리에 적분을 공부한다. 파동에 관한 그의 연구는 많은 결과를 생산했다.

1822년 그의 주업적인 《열분석 이론(Theorie analytique de la chaleur)"》이 완성되었다. 푸리에는 이 이론을 열이 물체의 점 사이에서 어떻게 흐르는지를 연구하는 동안에 완성했는데, 열의 성질은 푸리에가 오랜 기간에 관심을 가진 분야였다. 열 전도에 관련한 복소 인자를 공부하는 동안에 그는 푸리에 정리＊＊를 전개하였다. 이 정리에서 푸리에는 푸리에 급수와 푸리에 적분에 관한 그의 연구 작업을 포함하는 파동의 수학적 발견을 이끌어냈다. 열에 관한 그의 정열은 푸리에의 생과 죽음 모두에 중심 역할을 했다.

1798년에 그와 수학자 몽주는 나폴레옹의 이집트 군사 작전에 동행했다. 여기서 이집트 연구원의 비서관으로서 푸리에는 협상과 외교적인 업무에 정치적으로 관여하게 되었다. 또한 푸리에는 이집트의 사막과 그 따뜻함을 알게 되어 열 전도에 관한 연구를 계속하였다. 이 온화한 기후에서 열의 치유 능력을 믿기 시작했다. 몇 가지 역사적 근거에 따르면 이집트에서 병이 났을 때 열이 고통*을 좀 덜었다고 하는데 근거가 일정치 않다.

1801년에 프랑스로 돌아온 후, 그는 열에 관한 과학 연구를 계속했다. 그는 아마도 건강에 관련된 것에서 느낀, 즉 더 많은 열이 적용되면 그 효과는 더 커진다는 열의 힘에 대단히 빠져 있었다. 그는 몸무게의 4분의 1 이상 되는 옷을 껴입음으로써 참을 수 없이 덥게 하여 이 믿음을 극대화시켰다. 의심할 것도 없이 이것은 그의 건강을 악화시켰다. 몇 가지 조건이 심장이상에 의한 죽음을 유발했고, 또 다른 증상이 계단에서 넘어짐으로써 나타났다. 아마도 계단을 내려오면서 심장마비를 일으킨 것 같다. 그는 계단에서 넘어진 지 12일 후 죽었다.

오늘날 푸리에는 파동 현상의 수학적 해석에 대해 유명하다. 푸리에 급수는 소리, 빛, 물, 지구, 또는 다른 파동에도

가스파드 몽주(Caspard Monge, 1746–1818). 해석기하학을 발전시켰다.

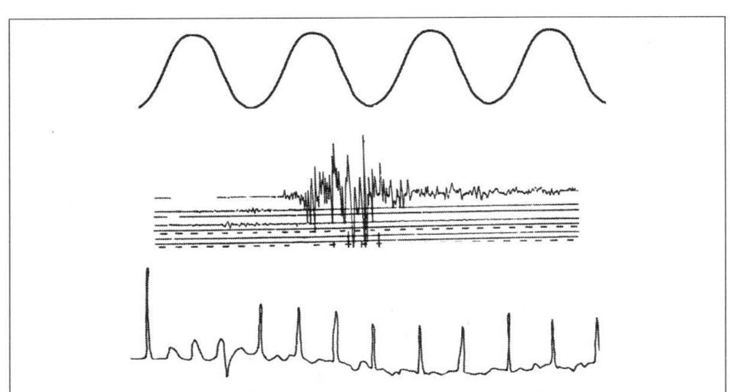

전기 자극, 지진, 심장박동 등을 기술하기 위해 사용된 주기 사인함수는 오늘
날 파동이론을 유도했다.

모두 적용될 수 있다. 그의 업적은 아직도 푸리에 창과 파동 같
은 파동 이론에서 새로운 사고의 전개에 디딤돌 역할을 한다.

가우스의 비밀 연구

"아르키메데스같이 총명한 사람이 어떻게 자리값 체계
를 만들어내는 데 실패했는지 이해할 수가 없어." 어느날 가
우스가 친구에게 말했다.

"아마도 다른 일에 너무 바빠서 그것에 관심을 가질 수가 없
었나보지. 계산이 지루할 것이라 생각하고 다른 생각에 초점
을 맞추기로 했겠지." 하고 친구는 대답했다.

"그러나 한번 생각해봐. 만약 아르키메데스가 그 발견을 했
다면 과학이 지금 얼마나 더 발전되었겠는가?" 가우스가 힘주

카를 가우스(Carl Gauss, 1777-1855)

어 말했다.

"맞아, 그러나 아마도 그는 알 필요도 활용할 필요도 없다고 느꼈을 거야. 그에게 흥미를 갖지 못했겠지. 그러나 가우스 자네는 이야기해야만 해, 자네는 자네의 그 환상적인 발견들을 거의 발표하지 않잖아. 다른 수학자들이 이용할 수 있도록 발표한다면 그것으로부터 파생되는 결과가 어떨지 생각해봤나. 자네 과학 일기에만 쓸 뿐 그 보석들을 거의 공유하지 않잖아. 왜 그 많은 연구를 비밀에 부치는 건가?" 하고 친구는 맞섰다.

가우스는 순간적으로 친구의 솔직함에 당황했으나 "나는 나 자신을 위해 연구하고 발견할 뿐이야." 하고 대답했다.

"그렇다면, 아르키메데스를 비판하지 마." 친구가 대답했다.

가우스가 그의 연구의 대부분을 비밀로 한 진짜 이유는 무엇일까?

■▲●

이유야 어찌되었든 가우스는 그가 아르키메데스에 대해 주장한 것을 실행하지 않은 것 같다. 그가 그의 연구를 다른 사람들과 공유하려고 했다면 다른 분야에서의 수학적 진보는 더 빨리 또는 다른 방향으로 진행되었을지도 모른다. 왜 그는 연구 결과 대부분을 비밀에 부치거나 보호하려 했을까? 그는 그가 발견한 많은 훌륭한 결과* 중에서 으직 몇 가지만 발표하기로 결정했다.

1816~1818년 사이에 프랑스 과학원은 페르마의 마지막 정리를 증명하거나 반례를 드는 첫 번째 사람에게 상을 주겠다고 했다. 가우스도 그 경쟁에 참가하도록 권유받았지만, 그는 "저는 파리 상(Paris Prize)에 대한 귀하의 보고서에 상당한 의무감을 느낍니다. 그러나 저는 응용할 데가 거의 없다고 생각되는 페르마의 정리에 별 흥미가 없다고 말씀드려야 하겠습니다. 아무도 증명하지도 쓰지도 못할 그러한 정리는 저도 얼마든지 제시할 수 있습니다."라고 대답했다.** 페르마의 마지막 정리***를 증명하려고 수많은 시간을 소비한 그 모든 수학자들을 생각해보라! 만약 가우스가 풀었다면 그들은 다른 문제에 관심을 쏟았을 것이다.

19세에 가우스는 그의 발견 중 하나를 발표하였다. 그것은 《일반평론 학술잡지(Intelligenzablatt der allgemeinen Literaturzeitung)》 1796년 6월판에 나와 있다. 그의 논문은 직선자와 컴파스만을 이용해 정17다변형을 어떻게 작도하는가를 기술했다.* 이 다변형을 특별히 중요시한 것은 고대 그리스인들이 이 도형을 외면했기 때문이다. 이것으로 가우스는 수학계에 즉시 알려지게 됐다.

가우스가 그의 수학·과학 일기 '노티젠저널(Notizenjournal)'을 시작한 것도 또한 바로 이때였다. 그의 첫 번째 항목은 정다변형의 작도에 관한 것이었다. 그는 145개의 후속 항목을 실었다. 그 항목에 적힌 날짜를 보면 그의 발견 중의 몇 가지는 다른 수학자들의 발견보다 몇 년은 앞섰음을 보여준다. 이것들 중에서 타원함수의 이중 주기성의 일반화와 쌍곡 기하학의 발견 등이 있다. 가우스는 왜 이것들을 발표하지 않았을까? 그는 왜 이 연구들을 숨겨두었을까?

가우스는 단지 자신과 지식만을 위하여 연구했다고 주장했다. 그는 브룬스빅 공작의 재정적 후원을 받는 행운을 얻었다.

1791년부터 공작이 죽은 1806년까지 가우스는 생활 걱정없이 단지 수학적 발견에만 관심을 집중하면 되었다. 그가 연구의 일부분을 발표할 때는, 그것이 완결된 작업—분명하고, 정확하고, 완전한—인지 확인하는 세심함을 보였다. 그의 발표된 업적 중에는 우명한 대수학의 기본정리*(박사학위 논문)와 산술계산의 기본정리**가 있다. 공작이 죽은 후, 가우스는 괴팅겐 연구소의 소장으로 임명되었다. 여기서도 그는 흥미를 끄는 문제들을 추구하는 데 어떤 방해도 없는 거의 완전한 자유를 누렸다. 그의 일기는 많은 것들이 다른 수학자의 발표보다 앞섰다는 것을 입증한다.

　다시 한번 묻지 않을 수 없는 데 왜 가우스는 그의 연구를 비

*모든 대수적 방정식은 형태 $a=bi$ (복소수)의 해를 가짐을 말한다. 더 나아가 그는 어떻게 이 수들이 평면에 그래프로 나타날 수 있는지를 보였다.

**모든 자연수는 소수들의 곱으로 유일한 방법으로 표현될 수 있음을 보였다.

가우스의 수학 일기의 한 면

밀로 간직했을까? 비판을 두려워했던 것일까? 너무나도 완벽주의자였을까? 한 이야기에 따르면 연구 논문 《수론연구(Distinguisitions arithmeticae)》가 프랑스 과학원에 의해 거부되었을 때 자존심에 상처를 입었다고 한다. 그래서 완전히 다듬어지지 않으면 아무것도 발표하지 않겠다고 결정한 것이 아마도 그때인 것 같다. 흥미롭게도 프랑스 과학원이 1935년에 옛 기록을 완전히 조사했을 때, 가우스가 그 연구논문을 제출하지 않았음을 알았다.

가우스는 민감하여 실수를 하거나 비판받는 것을 두려워했을까? 가우스는 그의 연구를 발표할 수 있을 만큼 노력과 시간을 소비하는 것을 원하지 않았을 수도 있다. 대신 그의 시간과 정력을 연구에만 쏟기로 결정했을 수도 있다. 아마도 쌍곡기하학에 관한 연구는 유클리드 기하학과 비교했을

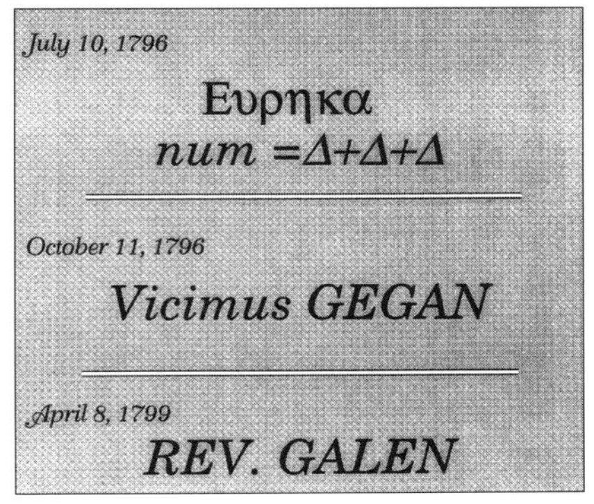

1796년 7월 10일의 내용은 아르키메데스의 유명한 선포-Eureka(발견했다)-와 함께 그리스어로 쓰여졌다. 그가 쓴 수학 방정식은 '모든 자연수는 세 삼각수의 합'임을 뜻한다. 삼각수는 집합 {1, 3, 6, ⋯ , $\frac{1}{2}n(n+1)$, ⋯ }에 속하는데 여기서 점에 의해 표현된 모든 수는 삼각형의 그림을 형성한다. 예를 들어 6은 ∴을 만든다. 그의 비밀 연구 노트의 146항목 중 1796년 10월 11일과 1799년 4월 8일 것은 그 의미가 아직도 신비에 싸여 있다.

때 대단히 혁명적이어서 발표 후 있을지도 모를 영향으로 명
성을 손상받을까 두려워했다. 그의 근심은 친구에게 보낸 편
지에 나타나 있다.

내 발견을 논문으로 발표하려고 아주 광범위하고 깊이 있게 연구
했지만, 아마도 내 생전에는 그런 일이 있지 않을
거야. 왜냐하면 내가 이것을 발토하면 아둔한 사
람들(Boeotians)이 얼마나 악을 쓰면서 덤비겠어.
그게 겁나네. *

* Journey Through Genius, William Durham. John Wiley & Sons, Inc. NY, 1990, P. 55. (《수학의 천재들》, 조정수 옮김, 경문사, 2004)

이유야 어떻든 이 뛰어난 천재가 자초한 비밀 연구는 수학
발전을 지연시켰다.

남성들만의 벽을 허문 여성 수학자

"소피야, 늦게까지 무엇을 하고 있니?" 하고 양초가 켜진 방으로 어머니가 들어오면서 물었다.

"뭐 그냥 읽고 있어요, 어머니."

"무엇을 읽어?" 어머니가 물었다.

"아버지의 서재에서 가져온 책이요." 소피는 정확한 대답을 피했다.

"한번 보자꾸나." 침대에서 책을 집어들면서 어머니가 말했다.

"유클리드의 《원론》. 수학 책! 이것을 읽고 있다니! 아버지와 내가 수학을 공부해서는 안 된다고 하지 않았니? 건강을 위해서도 좋지 않아."

"어떻게 수학 공부가 제 건강을 해친단 말이에요? 전 수학 공부가 너무 즐거워요. 더구나 정치 불안 때문에 거의 온종일 방에만 있어야 하잖아요."

"우리는 네가 수학을 배우는 것을 원치 않는다. 이런 사상은 젊은 아가씨의 머리를 괴롭히기만 한단다. 이것은 남자들의 일이야. 네가 우리 말에 귀 기울이지 않으니 극단의 처방을 내려야만 하겠다. 이제 밤에 네 방에 난로를 피울 수 없고, 옷장도 자물쇠로 잠가야겠다. 거기다 양초도 다 가져가야겠다. 그래야만 서재를 기웃거리거나 늦게까지 책을 읽지 않을 거 아니냐. 더 이상의 독서도, 수학공부도 안 된다. 알아들었지, 소피?" 어머니가 말했다.

"예, 알겠어요." 소피가 대답했다. "그렇지만 제가 수학 공부하는 걸 막지 못할 거예요."

이 일화는 소피 제르맹이 수학 탐구에서 부딪친 많은 방해물 중의 하나였다.

"여기 르블랑이 쓴 논문이 있다." 라그랑주 교수가 에콜 폴리테크니크에서 강의를 하면서 말했다. "논문이 매우 독창적이며 아주 잘 썼어. 르블랑 군은 강의가 끝나는 대로 내 연구실로 와서 개인적으로 토론해보고 자네의 연구에 대해 칭찬을 할 수 있도록 해주겠나?" 이 말을 하며 라그랑주는 강의를 끝냈다.

라그랑주의 강의를 듣던 소피 친구인 로버트가 강의실 밖에 있는 그녀에게 달려왔다. "들었니, 소피?"

"뭘 들어?"

"라그랑주 교수님이 르블랑의 뛰어난 논문을 축하하고 싶으시데. 너를 연구실에서 보길 원해."

"교수님이 르블랑을 연구실에서 보길 원하신다고?" 소피가 물었다.

"만약 교수님이 르블랑 군이 숙녀라는 것을 알게 되면 뭐라고 하실까?" 소피가 의아해했다.

■▲●

수학에 대한 소피 제르맹의 결심과 갈증은 그녀가 목표를 찾는 데 도움을 주는 견인차였다. 부모님의 눈을 피하여 그녀만의 비밀스런 은닉처를 만들었고, 저녁에는 담요로 몸을 감싸고 책을 읽기 위해 아버지의 서재로 올라갔다. 배움에 대한 그녀의 열정은 부모님의 고집보다 더 컸다. 결국, 그들이 포기했다. 프랑스 혁명과 공포 시대는 소피를 고립시키고 그녀를 집에 가두었지만, 다행히도 아버지의 책들을 즐길 수 있는 기회를 제공했다.

소피 제르맹(Sophie Germain, 1776-1831), 일명 르블랑(Le Blanc)

아버지의 서재에 있는 책을 섭렵한 후에, 소피는 정보를 위해 다른 곳을 찾아보아야만 했다. 프랑스 일류 수학자들이 강의를 하는 파리의 에콜 폴리테크니크가 최근에 설립되었지만, 거기에는 문제가 있었다. 여자는 입학이 허용되지 않았다. 이것이 소피를 포기하게 했을까? 아니다! 그녀는 흥미 있는 과목들을 선택하고, 친구에게 빌린 강의 노트로 공부했다. 해석학에 관한 라그랑주의 강의에 특히 마음을 빼앗겼는데 이는 이 강의에 연계하여 연구 논문을 제출하기로 결정했기 때문이다. 당연히 그녀는 남자 이름(르블랑)을 써서 제출해야만 했다.

르블랑이 소피 제르맹이라는 것을 알고 라그랑주가 놀라기는
했으나, 여자라는 이유 때문에 차별하지는 않았다. 대신, 그녀
를 격려했고 연구를 칭찬했다. 게다가 제르맹을 많은 프랑스
수학자와 과학자들에게 소개했다. 비록 그녀가 정규 학교에
입학할 수는 없을지라도 이제는 그녀 스스로의 계약에 따라
공부를 계속했다.

1801년에 가우스는 정수론을 다룬 〈수론연구(Disquisitiones
arithmeticae)〉를 발표했다. 제르맹은 복사본을 얻고는 거기에
매료되었다. 가우스의 연구 업적에서 얻은 부가적 이득으로
제르맹은 가우스와 공유할 만한 그녀만의 몇 가지 아이디어를
유도했다. 가우스와 만난 적은 없지만 그녀는 그에게 편지를
쓰기로 결정하고, 다시 한 번 르블랑을 이용한다.

가우스는 르블랑의 연구에 감명을 받았고, 르블랑과의 긴 관
계를 시작했다. 제르맹은 독일에서의 프랑스 군사 작전 동안
가우스의 안전만 아니었다면 드러나지 않았을 것이다. 그녀는
프랑스 장군에게 가우스가 브레슬라우 근교의 집에서 안전하
다는 것을 확인하는 밀사를 보내도록 요청했다. 밀사가 제르
맹의 이름을 알렸을 때 가우스는 완전히 혼란스러웠다. 그녀
는 다음 번 편지에서 왜 가명을 사용했는지 설명했다.

…… 보잘것없는 저의 연구에 답변을 주신 선생님과의 편지 왕래
에 르블랑이라는 이름을 썼습니다. …… 오늘 고
백하는 이 사실로 인해 가명하에서 선생님께서
저에게 허용하신 명예가 사라지지 않기를 바라
며, 또한 선생님의 근황을 제게 알려주시기를 바
랍니다. *

* The History of Mathematics: A Reader, John Fauvel and Jeremy Gray. The Open University, London. 1987. p. 497.

가우스는 다음과 같이 답장을 썼다.

일반적으로 추상적인 과학과 수의 신비에 대해 관심을 갖는 사람
은 흔하지 않습니다. 이 장엄한 과학의 매력은 아름다움을 간파하
려는 용기를 가진 사람에게만 자신을 드러내기 때문입니다. 그러
나 여성은 타고난 성, 관습과 편견 때문에 남성보다 많은 방해물
에 부딪칩니다. 그럼에도 해결이 곤란한 문제들에 익숙하려 하고,
이 속박을 극복하려 하고, 꼭꼭 숨어 있는 것들을 꿰뚫으려 하는
여성은 의심할 것도 없이 가장 뛰어난 용기, 비범한 재능과 우수
한 자질을 가지고 있을 것입니다.

제르맹이 여자라는 이유만으로 많은 기회가 주어지지 않았

지만, 수학을 배우고 도전하는 욕구만은 강렬했다. 1816년에 탄성체 곡면에서의 진동의 해석에 관한 업적에 대해 프랑스 과학원은 그녀에게 대상을 수여했다. 1831년에, 가우스는 제르맹이 괴팅겐 대학으로부터 명예 박사학위를 받을 수 있도록 추천했다. 그러나 불행하게도 그녀는 2년간이나 싸워온 암으로 쓰러졌고, 학위가 주어지기 전 55세의 나이로 세상을 떠났다.

고집불통 뉴턴

　"들어와요." 노크 소리가 들리자 핼리가 대답을 크게 했다. 그는 뉴턴의 《자연철학의 수학적 원리(Philosophiae naturalis principia mathematica)》* 출판 준비에 바빴다.

　"안녕하십니까? 핼리 선생님." 훅이 들어서면서 말했다.

　"안녕하십니까, 훅 선생. 뵙게 돼서 반갑습니다. 앉으십시오. 그래 어떻게 오셨습니까?" 핼리가 물었다.

　"선생님께서도 아시다시피, 뉴턴 씨와 저는 빛과 중력에 관

아이작 뉴턴(Isaac Newton, 1642–1727)

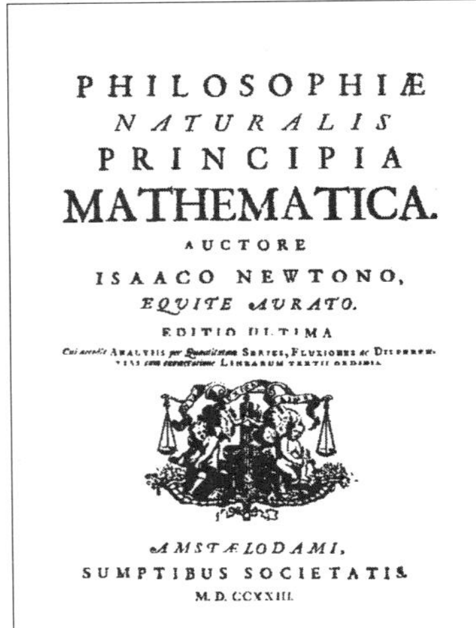

《프린키피아》의 표지

한 연구에 관해 의견 교환을 했습니다." 훅이 대답했다. "선생님께서 뉴턴의 《프린키피아》의 출판을 준비하고 있기 때문에 제 생각에는 이 분야에서 그와 공유한 저의 연구에 대한 약간의 인정 정도는 있어야 한다고 봅니다."

"그건 내가 봐도 옳은 것 같습니다." 핼리가 대답했다. "뉴턴에게 이야기해보겠습니다."

"절대로 안 됩니다." 뉴턴이 단호하게 말했다. "그에게 어떤 공적을 인정해준다면 차라리 출판하지 않겠습니다." 뉴턴은 화가 나 있었다.

"그렇지만 훅이 원하는 것은 선생이 1679년 의견을 교환할 때 선생께 주었을지 모를 그의 생각을 단지 인정해 달라는 것이오. 선생께서 했던 것처럼 그는 그 생각들을 발전시키거나 뭔가 알아차리고 연구할 수 없다는 것을 압니다." 핼리가 설명했다.

"안 돼요, 안 돼, 안 됩니다!" 뉴턴이 소리쳤다.

로버트 훅(Robert Hooke, 1635–1703)

핼리는 뉴턴이 흥분할 때는 혼자 내버려두는 것이 최선이라는 것을 알고 있다. 이런 상황이 처음도 아니었고, 의심할 것도 없이 오래가지도 않았다. 그는 뉴턴이 자신의 생각을 옹호하거나 어떤 형태의 비평이든 받아들일 때는 자제력을 잃는다는 것을 알고 있었다.

결국 뉴턴은 핼리가 훅의 업적을 인정해주도록 했는데 그러나 이는 훅의 이름에서 '클라리시무스(Clarissimus)'를 삭제하기로 약속한 후이었다.

아이작 뉴턴의 설명할 수 없는 일시적인 감정의 혼란과 엉뚱한 행동에 관한 고려해볼 만한 부분이 있다. 그의 이상하고 예상할 수 없는 행동의 근원은 무엇일까?

■▲●

아이작 뉴턴을 언급할 때면 으레 천재라는 단어가 떠오른다. 뉴턴은 젊은 날과 대학 초기 생활이 그렇게 특별히 두드러지지는 않았지만, 몇 년 동안(1665-6)은 중력 운동 법칙, 빛에 대한 아이디어가 솟아나고 수학과 과학에 심오한 영향을 미친 미적분학이 형성된 때였다.

그의 집중력은 대단했다. 그는 문제를 풀 때까지 끊임없이 생각함으로써 문제에 접근했다. 열정적인 노력을 기울이는 동안에는 사소한 것이라도 주의가 산만한 것을 좋아하지 않았다. 게다가 어린이 같은 감정 폭발, 비평에 대한 반응과 연구에 대한 과잉 보호 등 다소 변덕스러운 성격이었다.

뉴턴은 겸허하지 않고, 그의 사상과 연구에 대해 지독하게 보호적이었다. "만약 내가 다른 사람보다 더 많이 볼 수 있었다면, 그것은 거인의 어깨에 서 있었기 때문이다."*라고 말함으로써 다른 사람들의 공적을 가끔 인정했지만 다른 사람들의 기여에 감사하는 데 인색했다. 뉴턴의 시대에 이 선언은 거의 진부한 표현이었다. 실제로 이 말의 기록은 12세기까지 거슬러간다. 그것은 여러 가지 형태

*1676년 훅에게 보낸 편지에 나온다.

로 셀 수 없이 많은 사람들이 말해왔으며, 샤트레 성당의 창문에도 쓰여 있다. 1600년대 후반 뉴턴은 신경쇠약 직전에 있었다. 실제로, 그는 여러 번 극한 상황에까지 갔다. 신경쇠약에 이르렀을 때 그는 뒤로 물러서고 은둔했던 것 같다. 병들어 있을 때 그는 언제나 신경질적인 반응을 보였다.

에드먼드 핼리(Edmond Halley, 1656-1742)는 핼리 혜성의 타원 궤도를 묘사하고, 1758년에 되돌아온다는 것을 성공적으로 예언한 것으로 잘 알려져 있다.

1683년 친구 핼리는 그를 은둔 생활로부터 끌어내고 《프린키피아》를 런던 왕립학회가 출간하는 학술지에 발표하라고 달랬다. 그즈음 런던왕립학회는 막 실패한 출판으로 인해 재정적으로 어려웠고, 더욱이 뉴턴의 연구가 야기할 사상들의 출처*에 관한 어떤 가능한 논쟁을 불러일으키는 위험을 원치 않았다. 핼리는 뉴턴의 연구를 믿었으므로 대가를 혼자 치르기로 결정했다. 그는 출판 비용을 지불했을 뿐만 아니라 뉴턴을 달래면서, 그림을 입수하고, 교정을 보고, 훅

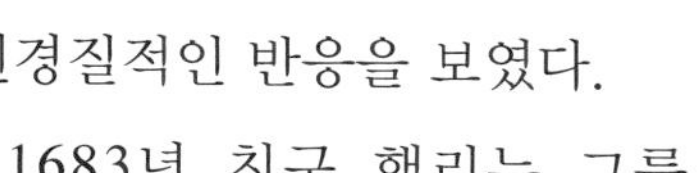

니콜라스 파티오 드 드윌리어(Nicolas Fatio
Duillier, 1664-1753)

이 인증할 수 있도록 세세한 부분까지 도맡아 준비했다.

핼리는 1687년에 《프린키피아》의 초판을 출간할 수 있었다. 순식간에 명성이 뒤따랐으며 그와 함께 뉴턴의 연구에 대한 정밀 조사가 시작됐다. 뉴턴은 비평을 처리하는 데 항상 어려움이 있었고, 이때도 예외는 아니었다.

1692년에 실험실에 불이 나서 연구물과 노트가 탔다. 이것은 심각한 타격이었다. 복사기와 컴퓨터 백업과 같은 편리함이 존재하지 않았기 때문이다.

1693년 그는 심각한 신경쇠약으로 고생했다. 연구, 명성에 대한 부담과 다른 요인들이 정신적 위기에 대한 원인으로 대두되었다.

뉴턴이 신경쇠약에 걸리기 몇 달 전에 스위스 수학자 니콜라스 파티오 드 드윌리어와의 관계가 끝났다. 뉴턴은 파티오를 1689년부터 알아왔지만, 그 관계의 정확한 내용은 기록으로 남아 있지 않다. 그들은 연인이었을까, 또는 그냥 가까운 친구였을까? 파티오와의 관계가 "그의 생애에(어머니 외의) 따뜻한 인간 관계 중 가장 가까웠던 것으로 묘사*"된다고 하지만 정확히 알려진 것은 없다.

우리는 뉴턴이 젊었을 때부터 여자들과 어떤 관계도 갖지 않았음을 안다. 그의 신경쇠약은 1693년 가을에 나타났는데 그때 그는 이 이상한 편지를 친구 존 토크(John Locke)에게 썼다.

* Gertsen, Derek, *Let Newton Be!*, Oxford University Press, Oxford. 1989. P.19.

친구에게

자네가 나에게 여자들과 다른 것에 흥미를 가질 수 있게 하려고 노력하는 것에 대한 의견인데, 사람들이 내가 아프고 생활을 즐기지 못할 것이라고 말할 때 나는 거기에 영향을 받아서 나는 자네가 죽었으면 좋겠다고 대답했다네. 나의 이 무례함을 용서해주기 바라네. …… **

** Gertsen, Derek, *Let Newton Be!*, Oxford University Press, Oxford. 1989. P.17.

그의 신경쇠약은 수은중독이었을까? 과학 실험을 하는 것 외에 뉴턴은 수은을 다루고 태우기도 하는 등 연금술에도 빠져 있었다. 많은 학자들이 그의 감정적 행동을 수은중독으로부터 유발된 행동으로 여겼다.

*Notes & Records of the Royal Sciety of London vol. 34. No. 1, July 1979. Mercury Poisoning: A Probable Cause of Isaac Newton's Physical and Mental Ills by L.W. Johnson and M.L. Wolbarsht.

수은 합성물을 맛보는 것과 승화된 소금의 연기를 냄새 맡는 것은 분명히 위험하다. 뉴턴에게 문제가 있기 시작한 것 역시 분명하다. 실제로 뉴턴이 소화 불량과 불면증으로 시달리기 시작한 때이었다. 그는 1693년 가을의 이상한 편지에서 이것을 설명하고 있다. 뉴턴은 이 원인으로 수세기 전에 연금술 작가들이 경고한 수은 증기로 판단하는 것 같다.*

뉴턴은 정신이 안정된 후 사교적인 생활을 하는 데 더 이상 머뭇거리지 않았다. 그는 조폐국 감사가 되어 1696년에 런던으로 이사했고, 거기서 1727년 죽을 때까지 살았다. 1703년에 왕립학회 회장으로 선출되었고, 앤 여왕에게 기사작위를 받았다. 그는 공적 지위에도 불구하고, 훅, 라이프니츠(미적분학에 관해)와 존 플램스티드(천문학의 자료에 관해)에 대해서는 지나칠 정도로 못마땅해했다. 배후에서 관리하면서 뉴턴은 일을 기획하고 그의 추종자들에 대한 자리를 얻는 데 매우 능숙했다. 예를 들어, 그는 윌리엄 휘스톤(William Whiston)을 케임브리지 대학의 루카스 석좌교수에, 핼리를 옥스퍼드 대학의 기하학 석좌교수에, 데이비드 그레고리를 옥스퍼드 대학의 천

체학 교실의 새빌 석좌교수에
앉혔다. 또한 제자 중 박사후
보생들에게 크리스 하스피탈
(Christ Hospital) 대학의 수학
과 강사자리 임명에 유리하게
손을 썼다. 더욱이 그는 자신
의 사람들을 왕립학회의 서기
와 실험 조수로 임용되게 하였
다. 이 비상한 연결이 그의 여
생을 순탄하게 만들었다.

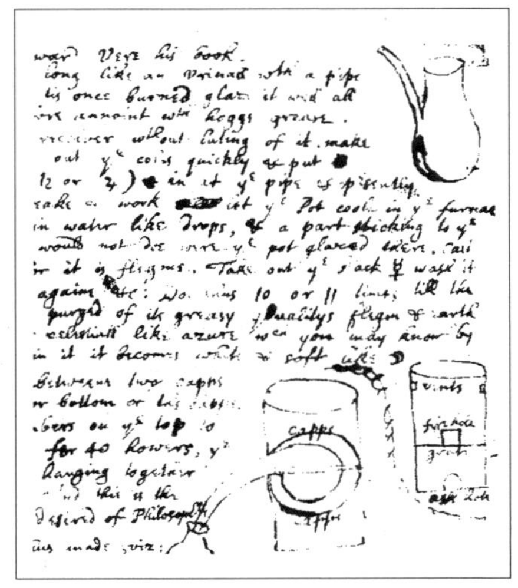

뉴턴의 연금술 노트의 한 면

노벨 수학상은 어디 있는가

알프레드 노벨은 어떻게 상을 구성할 것인가로 골몰한 채 유서의 자세한 부분을 마지막으로 손질하기 위해 서재에 앉아 있었다.

"그래, 됐어. 내가 놓친 것이 있나?"

"친구들과 친척들에게 자그마한 선물. 너무 과용해서는 안 돼. 많이 상속된 부는 자만만 키울 뿐이야."

"지정 유언 집행인은 모든 자산을 현금화하고, 안전한 유가 증권에 투자하시오. 이 투자로부터 나오는 이자로 인류의 복

지를 위해 가장 실질적으로 공헌한
사람에게 매년 상을 주도록 하시오.
그래요, 그것이 내가 원하는 것입니
다."

　"수학에 대해서는 상을 주지 마시
오. 특별히 명시하지는 않았지단, 제
외함으로써 암시를 줬다. 상을 줘야
할 분야를 정확하게 특정화했고 그
것으로 충분하다. 내가 수학에서는
상을 원치 않는다는 것이 명확해졌

알프레드 노벨(Alfred Nobel, 1833~1896)

다. 때문에 미타그 레플러(Mittag-Leffler)가 상을 받지 못하게
할 것이다."

■▲●

　왜 알프레드 노벨은 부유한 수학자 미타그 레플러가 노벨
상을 받을 가능성에 대해 그렇게 적대적이었는가? 무엇이 노
벨로 하여금 미타그 레플러에 대해 적대적이 되게 했을까? 또

는 노벨이 수학에 대해 적대적인 까닭은 무엇이었을까?

알프레드 노벨이 1896년에 죽었을 때, 9백 20만 달러의 기금이 평화, 문학, 물리학, 화학과 철학에 대해 매년 노벨상을 줄 수 있도록 조성되었다.*

*최근에 스웨덴 정부는 경제학에 관한 노벨상을 제정했는데 이는 노벨 기금이 아니라 정부가 지급한다.

노벨이 수학상을 제정하지 않은 것에 대한 많은 추측이 있었다. 여러 이야기들이 있지만 어떤 것은 쉽게 생각해볼 수 있다. 수학자 한 사람이 노벨의 아내와 불륜을 저질렀다든가. 그러나 노벨은 결혼하지 않았다. 수학자가 노벨과 관련이 있는 여인과 불륜을 저질렀을 수는 있다. 이것은 그럴 듯하지만 입증할 만한 근거가 없다.

노벨은 알려지는 것을 싫어하는 수줍은 성격인데다 가끔은 자기비하적이었다. 43세가 되었을 때, 비엔나 신문에 다음과 같은 광고를 실었다. "파리에 살고 있는 매우 부유하고, 교양 있는, 초로의 신사가 비서 겸 집안 일을 관리할 사람으로 언어에 능숙하고, 분별 있는 나이의 숙녀를 찾기를 원합니다."

이 광고에 직장이 필요했던 33세의 매력적이고, 교양 있는 오스트리아 여성 베르타 킨스키(Bertha Kinsky)가 연락을 했다. 그러나 아마도 노벨이 원했던 것은 단순한 집안 관리인이 아니라는 사실을, 특히 베르타에게 '공상을 좋아합니까?" 하고 물어보았을 때 알았다.* 겨우 1주일 일하고 베르타는 비엔나에 남겨두었던 애인과 도망을 쳤다. 그럼에도 그들의 관계는 평생 친구로 남았다.

* While he expected the worst, Nobel hoped for the best, Donald Jackson, The Smithsonian, November 1988, P.201.

그 얼마 후에 오스트리아 꽃집에서 일하던 20세 여인 소피 헤스(Sofie Hess)를 만났다. 그 둘은 피그말리온(자기가 만든 상아상 갈라티아를 연모한 키프로스의 왕) 같은 관계를 유지했다. 노벨은 그녀를 위해 먼저 비엔나에 아파트를 마련했고, 다음에는 파리에 하나, 마지막으로 독일에 빌라를 마련했다. 노벨은 교양 있는 여성을 원했지만, 그녀는 단지 사치에 탐닉할 뿐이었다. 노벨은 그녀의 천박한 행동과 낭비벽에 대해 편지로 훈계했지만, 그녀는 듣지 않았다. 노벨이 관계를 끝내려고 여러 번 시도했지만, 그녀는 더 많은 돈을 요구하는 편지를 계속 보냈다. 그녀가 임신하고 아이 아버지와 결혼했을 때조차 노벨은 지원을 끊지 못했다. 노벨이 만난 여인과 관계된 남자 중 수학자는 없었다.

그러면 왜 노벨은 수학을 증오하게 됐을까? 수학자와 사이가 틀어졌기 때문일까? 수학자 고스타 미타그 레플러와 노벨 사이의 관계에 대한 많은 문헌이 있다. 몇 가지 문헌에서 노벨

노벨 물리학상. 퀴리부인이 두 가지 노벨상 (물리학, 화학)을 받은 유일한 수상자이다. 두 메달은 같다.

노벨 생리학상

노벨 문학상

노벨 평화상

은 노르웨이 수학자가 상을 받는 것을 절대적으로 원치 않았음을 주장했다. 노벨은 미타그 레플러와 사업상 문제가 있었나? 노벨은 미타그 레플러의 사업 관계의 얼마간을 승인하지 않았나? 그들은 친구였는데 후에 서로 증오했나?

문학에 대한 노벨의 유언은 "문학에서 이상적인 방향에서 가장 뛰어난 작품을 생산한 자에게" 수여하는 것이다. 그의 유언이 발표되었을 때에 많은 사람들이 이 진술을 어떻게 해석해야 할지 의아해했다. 그때 미타그 레플러가 나섰고, 노벨은 "전반적으로 종교, 군주정치, 결혼, 기성사회들을 향한 논쟁적 또는 비판적 관점을 택하는 그 어떤 것들을 의미한다"고 주장했다.* 그는 노벨이 무정부주의자였음을 암시한 것일까? 그들은 이 문제들에 대해 다투었을까?

*The Literary Nobel Prize, Kjell Espmark. G.K. Hall & Company, Boston. 1991.

노벨은 매우 숙련된 사업가였고 독창성으로 성공했다. 니트로글리세린은 1847년에 이탈리아인 아스카니오 소브레로(Ascanio Sobrero)가 발견하였다. 그들은 같은 실험실에서 공동 연구를 했으나, 소브레로는 이 물질을 상업적으로 사용하기에는 너무 위험하다고 느꼈다. 그러나 노벨은 그렇게 생각하지 않았다. 그는 이 폭발 물질에 대한 많은 용도—건물, 터널, 철도, 길 닦기, 광산, 전쟁 무기—를 생각해냈다. 그러고는 상업적으로 시판하기 전에 뇌관을 발명했다. 그렇지만 이 치명적인 물질은 많은 손해를 끼쳤다. 1864년에 노벨의 동생과 다른 네 명의 공장 인부들이 스톡홀름에서 공장 폭발로 죽었다. 이 사고로 노벨은 파괴의 제조업자로 불리기 시작했다. 스웨덴 정부는 그가 실험실을 새로 짓는 것을 허용하지 않았다. 비슷한 비극들이 세계 여러 곳의 다른 공장들에서도 발생했다.

그러나 그는 단념하지 않았으며, 니트로글리세린의 위력을 동력화하기 위한 더 안전한 방법을 찾기로 결정했다. 위험을 최소화하기 위해 그는 실험을 바지선에서 하기로 결정했다. 그가 중요한 발견을 우연히 하게 된 것은 바로 여기서였다. 바지선에 있는 컨테이너에 묶어놓은 규조토 제재에 니트로글리세린이 스며들었다. 노벨이 컨테이너의 문제를 발견했을 때, 그는 니트로글리세린이 규조토와 같은 물질에 포함되어 있을 때 더 안전하다는 것을 깨달았다. 실제로, 그것은 뇌관 없이는 폭파되지 않는다. 이것이 다이너마이트의 발명을 야기시켰다. 다음해에 그는 연기 없는 가루 폭약(폭발성 젤라틴)을 발명했다. 곧 다이너마이트는 전쟁의 수단이 되었다. 그렇지만 노벨의 작업을 멈추게 하지는 못했다. 오히려 그는 이 발명품이 전쟁을 끝내는 데 도움이 될 것이라 여겼다.

그는 사랑하는 친구 베르타 폰 주트너(즉, 베르타 킨스키)에게 이런 편지를 보내기도 했다. "나의 공장들이 당신네 국회보다 더 먼저 전쟁을 끝내게 할 것이다. …… 이것은 두 적군들이 서로를 제거하기 위해 필요한 하루를 몇 초로 단축할 수 있기 때문이고, 그러면 모든 문명국은 전쟁에 등을 돌리게 될 것이기 때문이다."*

이 시기에 주트너는 유럽 평화운동에 매우 활동적이었다. 그녀는 노벨의 발명에 대한 부정적인 사람들을 설득하여 노벨이 노벨 평화상을 제정하는 데 영향력을 행사했다. 실제로 첫 번째 노벨 평화상은 베르타 폰 주트너에게 주어졌다.

그렇다 하더라도 왜 수학상이 없는지에 대한 비밀은 풀리지

않았지만, 수학이 포함되지 않는데 아쉬움을 남기며 다른 많
은 분야에 공헌한 노벨을 칭송한다.

비운의 천재 갈루아

피를 뚝뚝 흘리며 땅에 누워 있는 젊은 남자의 머릿속은 방정식과 아이디어로 넘쳤다.

"괜찮습니까?" 어깨에 닿는 누군가의 손길을 느낀 남자는 갑자기 정신이 들었다. 순간 기호와 수들이 갑자기 사라졌다. 지나가는 사람이 그의 맥빠진 몸에 채여 비틀거렸다. 그는 그 시대에 대유행이었던 하찮은 결투로 총상을 입고 몇 시간 동안 그렇게 누워 있었다.

"예." 젊은이가 헐떡거리며 겨우 대답했다.

"의사한테 데리고 가겠습니다." 편안한 목소리가 들려왔다.

"제가 살 수 있겠습니까?" 이제 20세 된 젊은이가 의심하면서 물었다. 그는 자신이 옮겨지고 있다는 것을 느끼면서 수학적 사고로 다시 되돌아왔다. 아이디어가 떠오르는 대로 써내려가던 극도로 흥분한 밤, 그는 자신의 연구를 완전히 전개할 수 있는 시간을 갖지 못했다. 그의 시

에바리스테 갈루아(Evariste Galois, 1811–1832)

간은 소멸되고 있었다. 그의 열광적인 창조의 밤은 새로운 수학적 사실을 쓰고 해석하는 것으로 채워졌다. 세상에 알려지기를 필사적으로 원했던 생각들. 그는 생애의 끝이 가까이 오고 있다는 생각에 걱정이 되었다.

"내가 증명하려는 것을 그들이 이해할까?" 갈루아는 의심했다. "내게 조금만 더 시간이 있다면. 구상한 생각을 세세하게 쓰고, 골똘하게 생각할 수 있는 더 많은 시간이 있다면……."

■▲●

갈루아는 1832년에 사망했다. 이 젊은 천재의 인생에서

실패가 존재했을까? 그러나 거듭된 불행이 그의 짧은 생을 괴롭혔다. 에바리스테 갈루아의 경우에는 분명히 불행했다. 아무도 들으려 하지 않고, 누구와도 공유할 수 없는 엄청난 수학적 사고, 혁신적인 방법과 풀이가 넘쳐흐르는 사람을 상상해 보라.

그는 시대를 너무 앞서 나갔다. 동시대의 사람 중 그의 통찰력을 이해할 수 있는 사람은 그렇게 많지 않았다. 그의 접근법은 아주 독창적이고 현대적이었으며, 그의 설명은 너무 피상적이고 간결했다. 많은 사람들이 그가 명백하다고 한 것을 이해하는 데 어려움을 겪었다. 군론과 대수적 방정식에 관한 그의 연구의 본질적인 부분 중 일부가 마침내 수학자들에게 유용하게 되기까지는 그가 죽은 후 14년이나 지나서였다.

갈루아는 파리 근교 부르라렌 마을에서 태어났다. 공화주의자인 아버지는 마을의 시장이었다. 교양은 있지만 다소 괴벽스러운 어머니가 그의 교육을 전적으로 책임을 졌다. 12세 때, 부모는 그를 파리에 있는 공립 기숙학교에 보내기로 결정했다. 고전에 주력하는 학교인데다, 어머니가 관심을 가진 분야였기에 초기에는 성적이 우수했다. 그러다 수학을 접하자 갈루아는 매혹당했다. 얼마 가지 않아 수학 교육과 책들은 그에게 너무 쉬웠다. 그는 르장드르의 기하학과 라그랑주의 해석학을 탐독하며 원리를 깨우쳤다. 또한 머릿속으로만 계산과 문제를 쉽게 풀어 가끔 선생들을 놀라게 했다. 선생들은 그의 풀이 과정을 모두 증명할 것을 고집했다. 몇몇 선생은 그가 반항적이고, 건방지다고 생각함으로써 그를 오해했다. 갈루아는 점점 더 모든 것에 환멸을 느끼며 다른 과목엔 전혀 관심을 갖지 않았다. 몇몇 선생들은 유급시켜야 한다고 고집했다.

갈루아의 특수한 자질과 범상한 노력을 인지한 최초의 선생인 베르니에(H.J. Vernier)는 체계적으로 수학을 공부하도록 격려하려고 애썼다. 그러나 갈루아는 너무 참을성이 없었고 기고만장했다. 그는 기초적인 연구에는 도전하지 않았고, 고등 수학으로 바로 가기를 원했다. 그는 수학을 이해하는 데 어려움은 없었으나, 생각을 교환하고 그가 말하고자 하는 것을 완전한 체계로 이해시키는 노력어 어려움을 겪었다. 젊은이들이 흔히 그러하듯 그는 건방졌다. 선생님의 충고를 듣지 않고 준비되지 않은 상태로 17세에 에콜 폴리테크니크의 입학시험을 치기로 결정했다. 그는 실패했고, 그 실패를 시험관과 체계 탓으로 돌렸다.

학교를 계속 다니면서 그는 뛰어난 선생 루이 폴 에밀 리차

어거스틴 코시(Augustin Cauchy, 1789–1857)

드(Louis-Paul-Emile Richard)가 가르치는 더 어려운 교과목을 수강했다. 그 선생은 갈루아의 뛰어남을 인지하고 그의 천재성을 촉진하려고 노력했다. 이 기간 동안 갈루아는 강의 내용보다 자신의 생각에 더욱더 집중하여 수학에서의 탁월성을 보였다. 방정식의 이론을 집중적으로 연구하여 1829년 5월에 갈루아는 그의 기본적인 발견들을 포함한 논문을 제출했다. 어거스틴 코시(Augustin Cauchy)는 그의 연구를 과학원에 제출하기로 약속했다. 명망 있는 수학자가 논문들을 제출하겠다고 하자 과학원은 주의를 기울였다. 그러나 불행하게도 코시는 약속을 지키지 못했고, 잊었다고 주장했으며, 나아가 그 논문을 잃어버렸다고까지 했다. 말할 것도 없이 이 상황에 갈루아는 환멸을 느꼈고, 학계에 대한 부정적 감정을 자극했다.

1829년 7월 갈루아의 생활은 더 비참해졌다. 아버지가, 악의적인 글을 쓰고 공공연하게 유포한 젊은 성직자가 저지른 부도

덕한 중상모략의 희생자가 되었다. 억울함을 견디지 못한 아버지는 갈루아가 다니던 파리의 학교 근처에서 자살했다. 마을 사람들은 평판 좋은 시장에 대한 성직자의 비열한 술책에 대해 격노했고, 아버지의 장례식은 폭동으로 엉망이 되었다.

갈루아는 수학에 열중했다. 뛰어난 수학자와 과학자를 배출한 에콜 폴리테크니크에 입학하려는 욕심에 1829년 8월에 다시 입학 시험을 보기로 결정했다. 그러나 또한 나쁜 운명의 장난이었다. 구술 면접 시험 중에 자신이 왜 틀렸고 갈루아가 옳은지를 인정하지도 이해하지도 못하는 시험관과 심한 언쟁이 벌어졌다. 갈루아는 칠판을 거의 사용하지 않기 때문에 머리로 계산한 것을 근거로 시험관의 실수를 설명하려고 애썼다. 시험관의 무지하고 고집스러운 태도에 점차 실망한 갈루아는 참을성을 잃고 지우개를 시험관에게 던졌다. 그는 시험에 다시 한 번 실패했다.

이제 그의 유일한 선택은 사범학교인 에꼴 프레퍼러토어(Ecole Preparatoire)의 입학 시험을 보는 것이었다. 1829년 11월 갈루아는 뛰어난 수학 성적 때문에 입학하게 되었다. 그리고 수학에 관한 연구를 열성적으로 계속하여 대수 방정식의 이론에 관한 연구를 포함한 수학의 혁명적 생각을 전개한 세

편의 논문을 썼다. 그는 이 새로운 연구를 수학 경시대회의 대상을 위해 과학원에 제출했다. 이 독창적인 연구는 의심할 것도 없이 상을 받아야 했지만, 다시 한번 불행의 일격이 가해졌다. 그의 논문은 과학원의 사무총장인 요셉 푸리에(Joseph Fourier)의 손에 안전하게 전해졌는데 그는 그것을 집에서 보기로 했다. 그러나 푸리에는 논문을 보기도 전에 죽어버렸고, 논문은 그의 유품에서도 발견되지 않았다. 갈루아는 완전히 비참해져서 "아첨하는 평범한 사람을 두둔하고자 정당성을 내팽기친 심술궂은 사회로 인해 천재가 파멸되었다"고 말했다.*

* Bell, E.T., *Men of Mathematics*, Simon & Schuster, New York, 1965, P.341.

1830년의 프랑스는 격동의 해였다. 사회 분위기는 단호하고, 혁명에 휩쓸리는 분위기였다. 갈루아는 학교신문에 대학의 학장과 학생들의 정치적 냉담에 대해 비판의 글을 썼다. 그 결과 그는 퇴학당했다.

학교에 다니지 못하자 갈루아는 대수학에 관해 준비한 자료를 가지고 강좌를 만들기로 하지만 불행하게도 아무도 신청하지 않았다. 이때 그는 국민군위대의 포병대에 입대하기로 결정했다. 포병대에 있는 동안 수학자 푸아송(Poisson)은 방정식의 일반해에 관한 그의 연구를 프랑스 과학원에 제출하도록 권했다. 어떤 이유에서였는지 푸아송은 그의 연구를 이해할 수 없었다고 한다. 갈루아는 그의 연구 논문을 분명하고, 읽고 쉽고, 완전한 형태로 제출할 시간을 갖지 못했을까? 갈루아는 매우 격분하여, 그의 정력을 혁명에 기울였다.

이 시기에 그는 두 번 체포되었다. 루이 필립의 왕정을 배신한 심각한 혐의에 대해서는 무죄를 선고받았지만, 그는 급진 공화주의자로 낙인찍혔다. 두 번째 체포시에는 포기한 포병대의 제복을 입은 가벼운 죄로 6개월간의 감옥생활을 했다. 감옥에서 그의 유일한 희망은 수학에 관한 연구였다.

출감 직후 그는 젊은 여인을 두고 결투에 휩쓸리게 되었다. 결투로 죽을 것을 예상한 그는 그의 모든 수학적 사고와 발견을 할 수 있는 한 완전한 형태로 열정적으로 쓰는 데 밤을 보냈다. 그는 이것과 이전에 완성해놓은 논문들을 수학자 야코비(Jacobi)나 가우스가 읽을 수 있도록 오거스트 슈발리에(August Chevallier)에게 맡겼다. 그의 연구 논문이 《르뷔 앙시클로페디아(Revue Encyclopedia)》에 1832년에 처음 발표되었지만, 이 시기에 수학의 발전에 영향을 주지 못했다. 아마도 너무 모호하고 개략적이거나 그 잠재력을 이해할 수 있는 사람들의 눈에 띄지 않았던 것이다.

1846년이 되어서야 그의 몇 가지 연구 업적이 《순수수학과 응용수학지(Journal de Mathématiques pure et appliquées)》에 실렸다. 그가 이룬 훌륭한 업적 덕분에 지금은 군론에 관한 연구가 충분히 발전되었다. 갈루아는 그의 비상한 연구와 진보된 생각에 대해 생전에 인정을 받지 못했지만 그의 유산은 20세기 수학에 많은 영향을 끼쳤다.

나는 잔다, 그러므로 생각한다

"**천장**에 있는 저것이 뭐지?" 데카르트는 깊은 잠에서 깨어나면서 궁금증을 갖기 시작했다. 그의 눈은 방 이곳저곳으로 움직이는 파리를 좇았다. 그는 이모저모 생각하고 있었지만, 그 생각을 딱 부러지게 잡아낼 수가 없었다.

어린 소년이었을 때부터 그는 침대에 누워 생각하기를 좋아했다. 허약했기 때문에 일찍 일어나지 않아도 되었다. 그는 조용한 방에서 방해받지 않으며 이런저런 생각을 하는 습관을 즐겼다. 그러나 오늘은 파리가 침입해서 생각을 끊임없이 방해

르네 데카르트(René Descartes, 1595–1650)

했다.

"바로 그거야!" 그는 외쳤다. 천장의 구석을 응시하면서 한 점(구석)에서 교차하는 세 개의 허직선(과 세 개의 허평면)을 보았다. 이제 마음이 움직이기 시작했다. …… 한 점에서 만나는 세 직교 직선 …… 각각이 일정한 간격을 유지한 자연수로 표시가 되고 …… 구석이 0이 되면 …… 파리가 내려앉는 장소는 세 수로 모든 위치를 나타낼 수 있다.

얼마나 아름다운가! 참으로 우아하고 단순하다! …… 단지 두 개의 직교 직선만 있다면 어떨까? 다른 방향으로 생각하기 시작했다.

"그러면 그 두 개의 직선에 의해 결정된 평면의 모든 점들은 두 점들에 의해 쉽게 묘사될 수 있다. 이 두 경우 …… 공간 또는 평면 ……에서 세 쌍 또는 두 쌍의 수는 점의 위치를 나타낸다. 그것 참 기막히다!" 커다란 미소가 그의 얼굴에 번졌다.

　그렇게 해서 데카르트 좌표계(Cartesian Coordinate System)*가 태어났다.

　이 재미있는 이야기가 정말 사실일까?

■▲●

　르네 데카르트는 부잣집에서 태어났다. 허약한 체질과 태어난 직후에 어머니가 죽었다는 것 때문에 의심할 것도 없이 응석받이로 자랐다. 그는 원하는 한 침대에 누워 있도록 허용되었다. 데카르트는 가끔은 어떤 것을 생각하면서 따뜻한 침대 속에서 편안하게 몇 시간이고 있는 것에 익숙해졌다.

　아버지는 아들이 가능한 한 많은 기회를 갖기를 바랐다. 여덟 살에 그는 라 플레슈(La Flèche)의 예수회 학교에 입학했다. 예수회 학교에서의 8년 후 그는 인생의 전환점을 맞았고, 파리로 가기로 결정했다. 거기서 그는 푸아티에(Poitier) 대학에서 법률을 공부했고 1616년에 학사학위를 받았다.

　그는 경제적으로 넉넉했으므로 개업할 필요가 없었고, 군에 입대하기로 했다. 처음에는 브레다에 있는 독일군에, 나중에는 바이에른군에 입대했다. 비록 전투에 참여했지만 계급이

높아 철학적이고 수학적인 생각을 탐구할 충분한 시간이 있었다. 그리고 주로 침대에 누워 있을 때 구상했던 것 같다. 이것으로 그가 어떻게 해석 기하학과 데카르트 좌표계를 생각했는지 보여준다. 이 아이디어가 실제로 발표되기까지는 18년이 걸렸다. 그는 몇 년간 군에 머물렀고, 1625년 파리로 돌아오기 전까지 또 몇 년간 유럽을 여행했다. 1628년에 그는 자신의 관점과 철학적 사고에 더 적합하다고 느낀 네덜란드에 정착하기로 결정했다. 그는 20년간 네덜란드에 머무르며 여러 논문을 썼다. 1629년부터 1633년까지 철학에 관해 연구했고 《르몽드(Le Monde)》*의 간행을 준비했다.

그는 갈릴레오의 연구가 어떻게 비난받았는지를 알고 난 후 출판하지 않기로 갑자기 결정했다. 이 시점에서 《방법서설》을 출판하는 데 심혈을 기울였다. 이 논문은 〈광학(La Dioptrique)〉, 〈기상학(Les Meteores)〉, 〈기하학(La Geometrie)〉으로 세 개의 부록이 있다.** 약 100쪽으로 된 〈기하학〉에서 해석기하학의 그의 첫 번째 인쇄된 기호들이 나타났다. 해석기하학의 아이디어는 거의 같은 시간에 페르마도 생각해냈지만 출판된 것은 데카르트가 처음이었다. 《방법서설》이 1637년에 출판되었을 때 데카르트는 유럽 전역에서 유명인이 되었다. 그러나 천주교회는 연구를 인정하지 않았고 금서 목록에 올렸다. 이것은 수학을 비롯한 그의 모든 연구 업적을 포함했다.

1649년에 데카르트는 중대한 결정을 했다. 스웨덴의 크리스티나 여왕이 데카르트에게 왕궁에 머물면서 3년 동안 철학 개인 교수가 되달라고 했다. 그는 가혹한 기후 때문에 스웨덴으로 가고 싶은 마음이 없었지만, 여왕은 완강했고 여왕의 측근이 된다는 생각과 귀족 생활에 대한 기대 때문에 유혹되었던 것 같다.

크리스티나 여왕의 젊었을 때 모습

혹독한 겨울이 지난 후에 것으로 알았던 여왕은 데카르트가 즉시 오기로 결정하자 깜짝 놀랐다. 여왕은 이 유명한 철학자를 맞이하기 위해 배를 보냈고, 겨울 초입에 스톡홀름에 도착한 데카르트는 대단한 환영을 받았다. 숙소는 프랑스 대사의 집이었지만, 쉰 살의 데카르트는 더 이상 아침에 침대에서 축 늘어져 있을 수 없다는 것을 거의 예상하지 못했다.

스웨덴에서의 첫 한 달 동안 그는 학생의 철학에 대한 열망이 정부의 더 사소한 관심들로 옮겨갔음을 알았다. 물론 여왕 크리스티나는 궁극적으로 철학자의 강의를 잘 들었지만 그것은 여왕의 집무 시간 동안이었다. 그는 스물세 살의 정열적이고 요구가 많은 여왕에게 철학 강의를 하기 위해 1주일에 세 번씩 아침 5시 정각에 일어나야 했다. 매서운 추위 속에서 일찍 일어나는 것은 데카르트의 건강에 치명적이었다. 그는 몇 개월만에 폐렴에 걸렸고, 그 후 열흘 만인 1650년 2월 11일에 죽었다. 시신은 그의 고향으로 즉시 가지 못했고, 17년 동안 스웨덴에 머물렀다.

1667년에 유골이 파리로 돌아왔다. 그러나 일설에 따르면 머리는 몸과 같이 오지 않았다고 한다. 그의 두개골은 스웨덴 화학자 베르질리우스(Jöns Berzelius)가 프랑스 해부학자 조지 커비어(George Curvier)에게 보내진 1809년까지 프랑스로 돌아오지 못했다.* 다른 이야기는 오른쪽 손뼈가 없는 채로 보내졌다고 강력히 주장했다. 뼈는 프랑스 재무장관이 나중에 입수했다.** 현재 데카르트는 파리의 팡테온에 잘 보존되어 있다. 그리고 그의 사상은 철학자와 수학자들의 가슴에 계속 남아 있다.

*Biographical Encyclo-pedia of Science and Technology, Isaac Asimov, P.106 Double-day & Co., Inc,. Garden City, NY, 1972.

**Mathematical Circles Adieu by Howard Eves. P.15, Prindle, Weber & Schmidt, Inc., Boston, MA, 1977.

미적분학을 창조한 사람들의 불화

"**어떻게** 그가 감히 미적분학에 관한 책을 출판할 수 있단 말인가!" 뉴턴은 친구 파티오 드 드윌리어에게 화를 내며 날뛰었다.*

"악당이 자네 연구를 도둑질했어." 파티오가 뉴턴의 노여움을 돋우며 말했다.

"그래 맞아. 그가 영국에 대사로 있을 때 내 아이디어를 도둑질했어."

"그냥 넘어갈 일이 아니네. 미적분학에 관한 자네의 연구를 알고 있는데, 라이프니츠의 생각이라고 믿게 해서는 안 되네. 친구들의 지지를 불러일으키겠네. 라이프니츠를 혼내주겠어. 그가 책을 출판하지 않았더라면 좋았을 것이라고 후회할 것이네."

"그는 후회할 거야. 그냥 쉽게 지나갈 일이 아니지." 이것이 이 문제에 대한 뉴턴의 마지막 말이었다.

■▲●

헤르만 항켈(Herman Hankel)이 말했듯이 "대부분의 과학에서는 한 세대는 전 세대가 만들어놓은 것을 무너뜨리고 한 세대가 확립해놓은 것을 다른 세대가 망친다. 그러나 오직 수학에서만 각 세대들은 예전의 구조 위에 새 이야기를 더한다."

미적분학 분야도 예외는 아니다. 기원은 고대 그리스로 거슬러 올라간다. 이때부터 무한대를 포함하는 사고가 처음으로 공식적으로 논의되고 탐구되었다. 제논과 운동의 역설, 이외에 류시푸스, 데모크리토스, 아리스토텔레스 등이 있다. 피타고라스, 에우독소스와 유클리드 등이 변화율을 측정하는 데 중요한 비의 도구를 제공했다. 또 히피아스와 디노스트라토스

의 아이디어가 일정 역할을 담당한
다. 그리고 원에 대한 면적 공식을 유
도하는 데 극한의 사용을 소거한 것
은 아르키메데스이다.

　수세기 동안 전 세계의 여러 수학자
들이 연구를 발표했고, 이 연구 결과
는 다시 미적분학을 발전시킬 수 있는
밑거름이 되었다. 1600년대에 카발리
에리는 미적분학의 초기 형태에 대해
연구했다. 좀더 최근 수세기 동안 유
럽 수학자 중에 피에르 드 페르마, 르

고트프리트 빌헬름 라이프니츠(Gottfried
Wilhelm Leibniz, 1646-1716)

네 데카르트, 제임스 그레고리, 아이작 배로, 존 월리스 등이 있
다. 모두가 작지만 미적분학 발전의 중요한 단계에 공헌했다.

　17세기에 서로 다른 나라의 두 사람이 변화, 접선, 최대, 최소
와 무한소의 문제에 대해 연구를 했고, 공식적으로 미적분학
분야를 탄생시켰다. 독일의 라이프니츠와 영국의 뉴턴이 서로
독립적으로 미적분학을 발전시켰다. 같은 수학적 아이디어가
서로 다른 개인에 의해 동시에 발견되었던 것은 이것이 처음이

아니었다.* 누가 무엇을 언제 발견했는지의 문제는 각각 이름을 떨치기 시작하고 발견을 중요시하기 전까지는 두 수학자 간에 문제가 되지 않았다. 영국은 미적분학을 뉴턴의 창조라 주장했고, 독일은 라이프니츠의 것이라 주장하면서 논쟁은 국가간으로 번졌다.

1684년에 라이프니츠가 미적분학에 관한 책(《최대와 최소를 결정하는 새로운 방법(Nova methodus pro maximis et minimis)》)을 출판했을 때 상황은 더 뜨거워졌다. 라이프니츠는 "나의 새로운 미적분학은 …… 일종의 해석학에 의해 진실을 제공한다. 어떤 상상의 노력으로 가끔은 성공을 얻지만 그것은 우연일 뿐이다. 그리고 그것은 비에타와 데카르트가 아폴로니우스를 넘어 우리에게 전해준 아르키메데스를 뛰어넘는 모든 이로운 점을 제공한다."**

뉴턴은 먼저 출판하지 못한 것에 당황하였다. 그의 여러 가지 창의적 사고들이 알려졌지만, 공식적으로 출판되지는 않았다. 뉴턴은 격분하였고, 친구와 추종자들이 싸움에 뛰어들었다. 몇 가지 이야기에 따르면 라이프니츠는 1673년에 런던을 방문하여 유통되던 뉴턴의 아이디어를 손에 넣을 수 있는 기

회가 있었다고 한다. 라이프니츠가
정말 원고를 보았을까? 라이프니츠
가 죽기 바로 전에 수학에 대해 편지
를 주고받던 존 콜린스는 뉴턴이 보
내준, 자신에게는 별 가치가 없는 것
으로 여겼던 몇 가지 논문을 편지에
썼다.

아이작 뉴턴(Isaac Newton, 1642-1727)

뉴턴의 가까운 친구인 파티오 드
드윌리어는 라이프니츠가 뉴턴의 연구 일부를 표절했다고 넌
지시 비췄다. 라이프니츠는 이 혐의를 부인했고, 교전 상태는
몇 년간 계속되었다. 1711년에 라이프니츠는 우선권의 주장을
왕립학회에 호소하기로 결정했다. 그러나 여기에서조차 라이
프니츠가 원하는 대로 공평하게 검증되지 않았다. 라이프니츠
는 자신의 입장을 증언하도록 허용되지 않았다.

몇 해 동안 배후에서 뉴턴은 논쟁을 자극했다. 이에 더하여
밖으로 드러나지 않은 다른 관심의 대립이 존재했다. 학회의
회장 직무대행으로서 뉴턴은 이 상황을 재조사할 위원회를 지
명했고, 그의 관심을 반영할 위원들을 선택하는 데 신중했다.
위원회의 '공평한 보고서'는 뉴턴의 편에서 쓰여졌다. 추문에

추문을 더하기 위해 보고서의 대부분을 뉴턴 자신이 작성했다. 뉴턴은 여기서 멈추지 않았고, 보고서의 요약이 익명으로 《철학회보(Philosophical Transactions)》에 실리도록 했다. 이 역시 뉴턴이 썼다. 라틴어판은 유럽대륙의 독자를 겨냥했고 또한 《커머슘 에피톨리쿰(Commercium epistolicum)》에 나타났다.

뉴턴은 라이프니츠가 죽은 후에조차 못마땅해하고 원한을 품었다. 뉴턴의 유명한 연구 《프린키피아》*의 나중 판에서 뉴턴은 몇 개의 절을 변형함으로써 라이프니츠의 공적을 인정하지 않았다. 이 편집 변형은 라이프니츠가 죽은 지 12년 후에 이루어졌다. 미적분학의 연구는 분열되었고, 이 두 사람의 연구 업적은 통합되거나 개량되지 않았다. 영국은 뉴턴을 신뢰했고, 반면 유럽대륙은 라이프니츠를 선호했는데, 라이프니츠의 기호와 몇 가지 다른 관점들이 더 편리했기 때문이다. 미적분학을 둘러싼 분쟁은 100년 동안이나 계속됐고, 유럽대륙에서 일어난 이 분야의 수학적 진보로부터 영국의 수학자들을 본질적으로 차단했다.

오늘날 여론은 두 사람이 미적분학에 관한 아이디어를 독립적으로 발전시켰다는 것이다. 이 불행한 논쟁의 구름이 걷혔

*완전한 제목은 《자연철학의 수학적 원리(Philosophiae naturalis principia mathematica)》이다.

을 때, 미적분학의 발전에 대한 두 사람의 공헌이 인정되었고,
충분한 영예가 주어졌다. 피해를 본 것은 오히려 미적분학이
었다. 진정한 협동과 토론이 있었다면 미적분학은 더욱 발전
되었을 것이다.

아인슈타인과 마리치의 진실

"밀레바, 빛이 실제로는 입자들로 이루어졌다는 발상을 어떻게 생각하니?" 아인슈타인이 동급생이며 연인인 밀레바 마리치에게 물어보았다.

"가능성은 있어. 빛 입자가 운반하는 에너지도 생각해보았니?" 그녀가 다시 물었다.

"아니, …… 그렇지만 그 에너지는 방사선의 진동과 관계가 있어야만 해. 그러나 어떻게?" 순간 아인슈타인이 놀라며 소리쳤다. "플랑크의 상수에 의해. 동의하지 않니?" 알베르트는 다시 한 번 밀레바의 의견을 물었다.

"네가 언제 그 결론에 도달하는지 궁금해하고 있었지. 전적으로 동의해. 그 방사선은 플랑크 상수와 방사선 진동의 곱과 같다. 그것이 네가 생각하는 거 맞지?" 밀레바가 이제 알베르트에게 물었다.

"바로 그거야! 아주 간단한 방정식이지. 방사선의 에너지=플랑크 상수×방사선의 진동. 아름답지 않아?" 아인슈타인이 말했다.

밀레바는 알베르트의 사고가 어떻게 움직이는지 흥미로웠다. 그녀는 교제를 계속하면서 가끔 아이디어에 대한 조언을 할 수 있어서 행복했다. 최근에 그녀는 서로 다른 방향에서의 빛의 속도를 측정하는 마이컬슨-몰리(Michelson-Morley) 실험에 대해 그의 관심을 고취시킬 수 있어서 즐거웠다. 그녀는 그들의 토론이 상대성에 관련한 아이디어에 도움이 됨을 알고 있었다.

"에테르에 관해 네가 할 수 있는 것을 생각해보았니?" 밀레바가 이제까지 괴롭혀온 의문을 제기했다.

"아직 좀더 연구해야 할 것 같아. 기존의 아이디어에 반기를 들어야 하나? 확신할 수는 없지간, 가능성은 여러 가지야." 아인슈타인이 대답했다. "전체적으로 생각해야 해. 너와 같이 연구하는 것은 언제나 흥미로워."

■ ▲ ●

이런 대화가 일어날 수 있었을까? 두 사람이 같이 보내며 나눈 대화의 하나였던 것 같다. 밀레바는 아인슈타인의 유일한 조언자였을까, 아니면 그 이상이었을까? 그들이 정말로 한 팀이었을까? 최근 몇 년간 이런 의문들이 제기되었다.

1896년에 아인슈타인과 같은 연구 과정에 입학한 여성이 있었다. 그녀는 놀랄 만한 결단력과 욕구와 관심을 가졌음에 분명하다. 왜냐하면 그 시대의 여성에게 학문이란 쉬운 길이 아니었기 때문이었다. 적은 수의 여성만이 대학 입학이 허용됐고, 더 적은 수의 여성만이 학위를 받았다.

과학자들이 아인슈타인의 초기 혁명적 발상을 다소 의심했는데, 만약 그것을 여성이 발표했다면 그들이 거들떠나 보았을까? 실제로 이 생각들이 마리치의 것이었다면 이 한 쌍의 연인은 현실적으로 생각하여 아인슈타인의 이름으로 제출하기로 결정했을까? 그들은 두 사람 모두의 이름으로 내는 것을 고려해봤을까? 이 질문에 대한 답은 누가 답하는가에 따라 달라진다. 어떤 추측이 우리를 가장 좌절시킬까? 그러나 그럼에도 만약 생각해본다면……

최근 수년간 알베르트 아인슈타인―20세기 지성인의 우상―의 생애는 오늘날의 슈퍼스타를 괴롭히는 똑같은 소모적인 관심에 시달

밀레바 마리치(Mileva Maric, 1875-1948)

렸다. 아인슈타인은 어떤 남자이며, 연인이며, 아버지였는가? 이 질문에 대한 답이 그의 업적으로 여겨지는 뛰어난 생각들을 바꾸지는 못했다. 그러나 이제, 아인슈타인은 그의 연구의 저작권조차 의심받았다. 그의 이론들을 혼자 힘으로 발전시켰는가? 상대성 이론의 연구에 그의 부인은 어떤 역할을 했는가? 그들은 균등하게 공헌했는가? 이 모든 추측들은 아마도 모든 사람들을 만족시킬 수 있도록 결코 해결될 수 없다. 무슨 근거로 이렇게 회의적인가?

1969년에 유고슬라비아 출판업자 바그달라(Bagdala)는 데상카 트르부호빅-쥬릭(Desanka Trbuhovi'c-Gjuric)이 쓴 《아인슈타

인의 그림자(In the Shadow of Albert Einstein)》를 발행했다. 후속의 독일판은 센타 트뢰몰-플뢰츠(Senta Troeml-Ploetz)가 1988년에 출간하였다. 이 판에 통합하여 아인슈타인의 장남의 수중에 있던, 1986년에 한스 알베르트 아인슈타인이 죽을 때까지 그의 금고에 있었던 편지*들도 실었다. 이 중에는 아인슈타인의 인생에서 얼마간의 빛을 발하고 얼마간의 그림자를 드리우는 아인슈타인과 마리치 사이의 편지도 있었다.

마리치와 아인슈타인은 인정받는 스위스 연방공과대학에 입학생으로 들어온 1896년에 만났다.** 마리치는 21세였고, 아인슈타인은 17세였다. 대학에서 그들은 노트를 공유했고, 생각을 교환했으며, 대학생들이 해야 할 일상적인 학과 공부 등을 통과하기 위해 서로 도왔다. 그러나 두 집안은 둘의 관계에 난색을 표했다. 마리치의 아버지는 유고슬라비아 정부 관리였고, 어머니는 부잣집 출신이었다. 두 사람의 교신이 끊긴 것도 이 기간 동안이었다.*** 그들의 편지는 순진한 노트로 시작되었다.

첫 편지는 의례적이었지만, 관계가 발전되면서 궁극적으로

*이 편지 중의 41개는 아인슈타인이 마리치에게 보낸 것이고, 오직 11개만 마리치가 아인슈타인에게 보낸 것이다.

** 마리치는 처음에는 취리히 대학에서 의학을 공부하려다가 전공을 수학과 물리학으로 바꿨다.

*** 1896년부터 1903년 그들이 결혼할 때까지 가족과의 약속 때문에 떨어져야 하는 시간(휴일, 여름 방학, 휴가)만 제외하고는 알베르트와 밀레바의 관계는 좋았다.

활짝 핀 로맨스를 나타내듯 갈수록 격렬해졌다. 마리치에게 보낸 아인슈타인의 편지*의 일부분은 그의 연구에 일조한 마리치의 역할에 관한 추측을 야기시켰다. 그 편지들은 또한 두 사람이 어떻게 7년 동안 지적으로 감정적으로 변화되었는지를 보여준다. 사모의 말과 함께 아인슈타인은 물리학에 관한—사고, 계획, 실험, 질문을 포함한—의견을 마리치에게 썼지만 마리치는 물리학에 관해 거의 언급하지 않았다. 그의 편지를 보면 '우리의 연구', '우리의 이론', '우리의 연구논문'이라고 언급한다. 예를 들어, 1901년에 마리치에게 보낸 편지에서 "상대 운동에 관한 우리의 연구가 성공적으로 끝냈을 때 얼마나 행복하고 자랑스러웠는지" 하고 썼다.** 다른 편지에서 "나와 똑같고, 나처럼 강하고 독립적인 피조물인 당신을 발견한 것이 대단히 자랑스러워! 당신을 제외한 사람들을 대할 때는 고독을 느껴."*** '우리'는 단순한 표현이었을까? 단지 연인이였기에 그의 연인과 책을 공유하고 책에 연인을 포함하고자 했을까? 이에 대한 확실한 답은 없다.

1900년에 아인슈타인과 마리치는 졸업하고 강사 자격을 얻

*Albert Einstein /Mileva Maric, The Love Letters(J. Renn and R. Schulmann, Princeton University Press, Princeton, N.J., 1992)에 54개의 편지가 실려 있다. 모든 편지가 다 출간된 것은 아니다.

**Einstein Lived Here, by Abraham Pais, Clarendon Press, Oxford, 1994. P.9.

***Einstein Lived Here, by Abraham Pais, Clarendon Press, Oxford, 1994. P.8.

기 위해 최종 시험을 치렀다. 그러나 마리치는 통과하지 못했다. 이 시점에 마리치는 두 가지 생각을 품고 있었다. 박사학위에 대한 논문을 제출할까, 또는 시험을 다시 볼까? 아인슈타인은 시험을 통과하여 강의를 할 수 있게 됐지만, 분명히 교수들은 대학 근무를 추천하지 않았다. 결과적으로 개인교수 자리를 얻을 수밖에 없었고 임시교사직을 얻을 수 있을 뿐이었다.

마리치는 다음 해에 시험을 다시 보기로 했지만, 곤경에 빠져버렸다. 그녀는 결혼도 하지 않은 채 임신했다. 그녀의 감정은 약해졌고, 시험을 준비하기가 어려웠다. 아인슈타인은 왕래를 계속했고, 그녀를 격려하려고 애썼다. 그는 실험에 대해 편지를 쓰면서 덧붙여 "우리의 아들은 어떻게 지내며 당신의 박사학위 논문은 어떻게 돼가고 있는지 궁금해"라고 썼다.*
영구적인 직장을 구하는 데 어렵고 낙담해서 아인슈타인은 다음과 같이 썼다. "나의 장래에 대해 다음과 같이 결심했어. 결과는 신통치 않지만 직장을 구하려고 노력할 거야. 직장을 구하는 즉시 당신과 결혼하겠어. 비록 지금은 우리의 상황이 매우 어렵지만 결심은 매우 확고해."**

상황으로 미뤄보아 마리치가 1901년 재시험

*아인슈타인은 '우리 아들'이라 말함으로써 아기가 남자라고 했다. *Einstein Lived Here*, Abraham Pais. Claren-don Press, Oxford, 1994, P.9.

**Einstein Lived Here*, Abraham Pais, Claren-don Press, Oxford, 1994. P.9.

을 보았을 때 실패한 것은 놀라운 일이 아니었다. 혼자 있기 원치 않은 그녀는 유고슬라비아에 있는 부모의 집으로 돌아와 1902년 1월에 딸을 낳고 리젤(Lierserl)이라 이름지었다. 비록 아인슈타인이 딸에 대해 호의적으로 썼지만 어떤 이유에선지 그들은 딸을 키우지 않기로 결정했다. 리젤에게 무슨 일이 일어났는지 알려지지는 않았지만 아마도 입양되지 못했거나 마리치의 가족이 키웠을 것이다.

알베르트 아인슈타인(Albert Einstein, 1879-1955)

　이 기간 동안 아인슈타인의 부모는 관계를 끝내라고 압박했다. 아인슈타인 어머니는 마리치를 철저히 무시했고, 마리치의 부모는 아인슈타인을 달가워하지 않았다. 1902년 6월에 아인슈타인은 베른에 있는 스위스 특허 사무소의 하급 사무원으로 취직했다. 두 연인은 자신의 뜻에 따라 1903년 1월 6일에 간소하게 결혼을 했다. 1903년 여름 그들은 베른에 아파트를 장만했다. 1905년 아인슈타인은 그의 가장 중요한 논문 세 가지를 《물리학 연보(Annalen der Physik)》에 발표했다. 첫 번째 것은 액체에서 분자가 무작위로 분포되어 있다는 가설을 다루었고,* 두 번째 것은 빛의 본질에 관해 이야기했으며,** 세 번째 것은 특수 상대성 이론에 관한 것이다.

충격적인 이 발상이 알려지기 시작하자 아인슈타인의 명성은 드높아지기 시작했다. 그는 1909년에 취리히 대학에 학술직을 얻을 때까지 특허 사무소에서 일을 했다. 그때부터 그는 출세 가도를 달렸다. 그러나 마리치와의 관계는 뒤틀어졌고 아인슈타인은 마침내 1914년 결혼 생활에 종지부를 찍었다. 이혼의 조건 중에 다음과 같은 규정이 있었다. 마리치는 아들에 대한 양육과 교육의 책임을 진다.*** 아인슈타인은 양육비를 댄다. 4만 마르크를 스위스 은행에 예치해야만 했다. 이자는 마리치의 몫이었다. 아인슈타인이 노벨상을 받는다면****그 상금은 마리치에게 주어야 했다.

그들의 연구에 대한 편지에서 아인슈타인의 언급 외에 마리치가 공헌했다는 다른 증거는 무엇인가? 아인슈타인 회의론자들은 마리치는 아인슈타인–하브리히트(Einstein-Habricht)의 이름으로 특허 등록된 작은 전류들을 측정하는 기계 개발에 대해 물리학자 폴 하브리히트(Paul Habricht)와 연구했다고 주장한다.* 아인슈타인과 하브리히트는 아인슈타인이 대학에 자리를 얻는데 기회를 더 많이 가질 수 있도록 마리치의 공헌을 비밀에 부치기로 합의했을 수 있다.**

아인슈타인이 논문을 제출했을 때 《물리학 연보》의 편집위원이었던 러시아 물리학자 아브라함 조페(Abraham Joffe)는 1905년의 아인슈타인의 유명한 창의적 세 논문이 아인슈타인-마리치의 이름으로 제출되었음을 보았을 것으로 추측된다. 불행하게도 조페는 사망했고, 원본은 더 이상 존재하지 않는다. 조페가 남긴 것은 아인슈타인이 죽은 직후 그가 발행한 짧은 기록밖에 없는데, 거기서 그는 "1905년에 물리학 연보에 세 논문이 실렸는데, 미상이었던 저자가 특허사무소 사무원이었던 아인슈타인-마리티(Einstein-Marity)였다."고 썼다. ***

아인슈타인을 불신할 만한 층분한 증거가 있는가? 이것은 밀레바 마리치가 한번도 아인슈타인을 의심하지 않은 것에 비춰볼 때 정황상 추측일 뿐 타당성이 없어보인다. 생애 마지막

* *Shadow of Alber Einstein*, Santa Troemel-Ploetz. German edition, 1988.

**Shadow of Alber Einstein.

***Einstein Lived Here, Abraham Pais. Claren-don Press, Oxford, 1994. Schulmann. Princeton University Press, Princeton, NJ, 1992, P.15-16.

몇 년 동안 마리치가 아인슈타인에 대해 증오에 차 있긴 했지만 이러한 의문에 대해서는 전혀 드러내지 않았다.* 마리치는 아무도 그녀를 믿지 않을 거라고 판단했을까? 아니면 아인쉬타인이 인정받을 만하다고 생각한 것일까? 아인슈타인에 대한 또 다른 수수께끼이다! 아마도 아인슈타인은 이렇게 말했을 것이다. "모든 것은 다 관련되어 있다."

카르다노 대 타르탈리아

"밀라노로 와달라는 초청에 응해주셔서 대단히 기쁩니다. 선생을 만나서 대수 연구에 관해 토의하기를 무척 원하고 있습니다. 선생은 매우 드문 천재성을 지녔습니다." 카르다노가 손님을 칭찬하면서 말했다.

"오히려 제가 영광으로 생각합니다. 편지에서 선생은 어떤 3차 방정식을 푸는 제 기술을 토의하자고 간청했습니다." 타르탈리아가 카르다노의 초청에 대한 이유로 바로 돌입했다.

"예, 그렇습니다. 그렇지만 서두를 것은 없습니다. 시간은

보통 《위대한 술법(Ars magna)》으로 부르는 카르다노의 책 《Artis magnae sive de regulis Algebraicis》의 속표지.

충분합니다." 카르다노가 대답했다.

"지금이 가장 좋은 때입니다." 타르탈리아가 카르다노에 관한 소문을 듣고 고집했다.

"정 그렇다면, 선생의 방법을 제게 보여주십시오. 선생의 발견을 공표하는 것은 대수학의 발전을 촉진시킬 것입니다." 카르다노가 지적했다.

"출판하려고 했지만 시간이 좀 없었습니다. 선생은 어떻게 환자를 보면서 그렇게 많은 글을 쓸 수 있습니까?" 타르탈리아가 물었다.

"저는 다양성을 좋아합니다. 선생의 발견을 공유할 수 있음을 확신시켜주기 위해 제가 할 수 있는 일이 분명히 있을 겁니다. 3차원 방정식에 대해 비밀을 지킬 테니 저한테 무엇을 원합니까?" 카르다노는 거의 빌다시피 했다. "약속하겠습니다.

아니, 그 이상의 것이라도 하겠습니다. 선생의 발견을 비밀에 부치기로 신성한 성경에 대고 맹세하겠습니다. 그렇지 않으면 제가 기독교인이거나 신사가 될 자격이 없을 것입니다. 신사로서 동의하시겠습니까?" 카르다노가 물었다.

"선생이 그렇게까지 말하니 제가 발견한 것을 기꺼이 설명하겠습니다." 타르탈리아가 대답했다.

지롤라모 카르다노(Girolamo Cardano: 1501-1576)

카르다노의 설득력이 다시 한 번 성공했다. 1539년 3월에 니콜로 타르탈리아는 어떤 3차 방정식의 풀이에 관한 연구를 지롤라모 카르다노와 공유했지만, 타르탈리아의 설명은 모호했다. 그는 직접 설명하는 대신 신비한 시구로 나타냈기 때문이다.

Quando che'l cubo con cose apresso
세 제곱이 어떤 것에 가까이 갈 때

Se agguaglia a qualche numero discreto

그것은 어떤 알맞은 양과 같아진다.

Trovan dui altri, differenti in esso …

다른 두 개를 찾고, 그것과 다른 …

말할 것도 없이 카르다노는 타르탈리아의 방법을 알아냈고 더 발전시켰다. 6년 뒤 카르다노는 약속을 깨고 그 결과를 출판했다.

■▲●

추문은 이제부터 시작된다. 카르다노는 매우 다채롭고 복잡한 생을 살았다. 그의 성격을 형성하는데 도움을 준 일에는 다음과 같은 것이 있다.

사생아로 태어났기 때문에 밀라노 의과대학에 1539년 교수로 임용될 때까지 여러 해 동안 개업을 하지 못했다.*

노름을 하지 않으면 못 배기는 사람이었지만

*그의 글 중에서 이탈리아 의사들의 빈약한 의학 수련 비판도 있는데, 그는 대중에게는 열광적으로 환영을 받았지만 의사들에게는 눈총을 받았다. 1550년대에 그는 스코틀랜드의 성 안드레 성당의 대주교의 건강을 돌봄으로써 명망 있는 의사가 되었다.

기회의 게임을 과학적으로 철저히 분석했다. 확률을 다룬 첫 번째 책 《게임에 관한 책(Liber de ludo aleae, 1663)》은 사후에 출간되었다.

그는 무언가를 결정할 때 예언과 별점에 의지할 정도로, 카르다노의 삶에 미신은 중요한 역할을 했다. 그는 욕심 많은 점성가였는데 예수에 대해서조차 점성술적 도표를 만들었다. 이로 인해 1570년에 이단으로 고발당했다.*

뛰어난 학생이었고 의사인 그의 장남은 불행한 결혼을 하였다. 아내와 함께 살기를 원치 않자 그녀를 독살했다. 1560년 교수형당하는 아들을 구하지 못하자 카르다노는 죄책감에 시달렸다.

1542년경 카르다노는 루도비코 페라리(Ludovico Ferrari)라는 젊은 남자를 고용했다. 그는 페라리가 매우 영리하다는 것을 알고, 그의 조언자 겸 교사가 되었다. 그들은 수학에 대해 공동으로 연구했고, 공부 시간에 카르다노는 타르탈리아의 방법을 젊은 남자에게 털어놓았다. 그들은 타르탈리아의 초기 연구를 발전시켰고 여러 가지의 새로운 발견을 했다. 타르탈리아에 대해 카르다노가 한 약속 때문에 타르탈리아의 연구를

니콜로 타르탈리아(Niccolo Tartaglia, 1500~1557)

공표하지 않고는 연구를 발표할 수 없음을 알았다. 타르탈리아가 약 30여 년 전에 시피오 페로(Scipio Ferro)라는 수학자와의 경시대회에서 이기기 위해 타르탈리아가 그의 방법을 처음 사용했다는 것을 알고는 그들은 그 연구를 문서로 만들기로 결정했다. 1543년에 그들은 타르탈리아가 카르다노에게 보여줬던 똑같은 방법을 페로의 원고에서 발견했다. 페로의 논문에 나타난 이상 카르다노는 더 이상 맹세를 지킬 의무감을 느끼지 못했다.

1545년에 카르다노는 그의 대수학 책 《위대한 술법》을 출간했다. 3차 방정식을 다룬 장에서 카르다노는 타르탈리아의 방법을 그와 페로가 한 발견과 함께 발표했다. 이 장의 서문에서 카르다노는 어떤 3차 방정식을 푸는 데 타르탈리아의 방법을 포함했음을 적었다. 그는 또한 페로와 타르탈리아의 공헌을 인정하는 방법의 배후 과정을 밝혔고, 맹세 사건까지도 적었다. 덧붙여 이 연구를 후속 단계에 어떻게 적용하는지도 설명했다.

카르다노가 공헌에 알맞은 인정을 했지만 그 책이 나왔을 때 타르탈리아는 카르다노를 도둑놈, 비열한 놈으로 비난했고, 맹세를 깬 데 대해서도 매우 분노했다. 타르탈리아는 그의 공격을 여러 해 계속했다. 페라리는 타르탈리아의 편지에 격렬하게 대꾸함으로써 카르다노를 방어했고, 타르탈리아에게 공개 토론을 요구했다.

타르탈리아가 카르다노를 비열한 사람으로 매도하고 그의 명성을 몇 년간 가로막은 것은 정당한 행동이었을까?

| 참고문헌 |

Alic, Margaret, *Hypatia's Heritage*, Beacon Press, Boston: 1986.

Asimov, Isaac, *Asimiv's Biographical Encyclopedia of Science and Technology*, Doubleday & Co. Inc., Garden City, NY: 1972.

Ball, W.W. Rouse, *A Short Account of the History of Mathematics*. Dover Publications, Inc., NY: 1960.

Barrow, John D., *Pi in the Sky*, Claredon Press, Oxford: 1992.(《천상의 수학》, 경문사, 2004)

Bell, E.T., *Men of Mathematics*, Simon & Schuster, New York: 1965.

Bernal, J.D., *Science in History*. The MIT Press, Cambridge, MA: 1985.

Bernstein, Peter L., *Against The Gods*, John Wiley & Sons, NY: 1996.

Boyer, Carl B. *A History of Mathematics*, Princeton University Press, Princeton. NJ: 1985.(《수학의 역사》, 경문사, 2000)

Clawson, Calvin, *The Mathematical Traveler*. Plenum Press, NY:1994.

Dantzig, Tobias, *Number-The Language of Science*. The Macmillan Co., NY: 1930.

Davis, Philip. J. & Ruben Hersh, *The Mathematical Experience*. Houghton Mifflin Company, Boston: 1981.(《수학적 경험》, 경문사, 1995)

Dunham, William, *Journey Through Genius*, John Wiley & Sons, Inc., NY: 1990.(《수학의 천재들》, 경문사, 2000)

Dunham, William, *The Mathematica; Universe*, John Wiley & Sons, Inc., NY: 1994.

Eames, Charles and Ray, *A Computer Perspective*, Harvard University Press, Cambridge, MA: 1990.

Eves Howard, *In Mathematical Circles*, Prindle, Weber & Schmidt, Inc., Boston: 1969.

Fauvel, John; Raymond Flood, Michael Shortland, and Robin Wilson, editors. *Let Newton Be!*, Oxford University Press, Oxford: 1989.

Goldstein, Thomas, Dawn of Modern Science, Houghton Mifflin Co., Boston: 1988.

Hall, Tord, *Carl Friedrich Gauss, a biography*. The MIT Press, Cambridge, MA: 1970.(《가우스》, 경문사, 2001)

Heath, Sir Thomas, translator, *Euclid's Elements*, Dover Publications, NY: 1956.

Hodges, Andrew, *Alan Turing-the enigma*, Simon and Schuster, NY: 1983.

Hollingdale, Stuart, *Makers of Mathematics*, Penguin Books. London: 1989.

Hyman Anthony, *Charles Babbage-Pioneer of the Computer*, Princeton University Press, Princeton, NJ: 1982.

Jones, Richard Forster, *Ancient and Moderns*, Dover Publications, Inc., NY: 1961.

Kline, Morris, *Mathematics − A Cultural Approach*, Addison −Wesley Publishing Co., Inc., Reading, MA: 1962.

Kline, Morris, *Mathematics and the Search for Knowledge,* Oxford University Press, NY:1985.

Kline, Morris, *Mathematics in Western Culture,* Oxford University Press, NY: 1953.(《수학, 문명을 지배하다》, 경문사, 2005)

Kline, Morris, *Mathematical Thought from Ancient to Modern Times,* Oxford University Press, NY: 1972.

Macrone, Michael, *Eureka! − What Archimedes Really Meant,* Harper Collins, NY: 1994.

McLeish, John, *Number − The History of numbers and how they shape our lives,* Fawcert Columbine, NY: 1991.

McLeish, John, *The Story of Numbers,* Fawcert Columbine, NY: 1994.

Newman, James R, *The World of Mathematics,* Simon and Schuster, NY: 1956.

Osen, Lynn M, *Women in Mathematics,* The MIT Press, Cambridge, MA: 1988.(《수학을 빛낸 여성들》, 경둔사, 1988)

Pais, Abraham, *Einstein lived here,* Oxford University Press, Oxford:1994.

Palfreman, Jon and Doron Swade, *The Dream Machine,* BBC Books, London:1991.

Pappas, Theoni, *The Joy of Mathematics,* Wide World Publishing/Tetra, San Carlos, CA: 1989.

Pappas, Theoni, *The More Joy of Mathematics,* Wide World Publishing/ Tetra, San Carlos, CA: 1991.

Pappas, Theoni, *The Magic of Mathematics,* Wide World Publishing/Tetra, San Carlos, CA: 1994.

Perl, Teri, *Women and Numbers,* Wide World Publishing/Tetra, San Carlos, CA: 1995.

Regis, Ed. *Who Got Einstein's Office?,* Addison−Wesley Publishing House, Reading, MA: 1994.

Roan, Colin A, *Science − Its History and Development Among the World's Cultures,* Facts on File Publications, NY: 1982.

Schwinger, Julian, *Einstein Legacy,* Scientific American Books, NY:

1986.

Singh, Jagjit, *Great Ideas of Modern Mathematics,* Dover Publications, Inc., NY: 1959.

Smith, D.E, *History of Mathematics,* Vol. 1, Dover Publications, Inc., NY: 1951.

Smith, David Eugene, *A Source Book in Mathematics,* Dover Publications, Inc., NY: 1959.

Smith, David Eugene, *Mathematics.* Cooper Square Publishers, Inc., NY: 1963.

Struik, D.J., editor. *A Source Book in Mathematics, 1200−1800,* Harvard University Press, Cambridge, MA: 1960.

Struik, D.J., *A Concise History of Mathematics,* Dover Publications, Inc., NY: 1967.

Swade, Doron, *Charles Babbage and his Calculating Engines,* Science Museum, Lodon: 1991.

Swetz, Frank J., *From Five Fingers to Infinity,* Open Court, Chicago: 1994.

Wertheim, Margaret, *Pythagoras' Trousers,* Random House, NY: 1995.